PROGRAMME
DU
COURS DE CONSTRUCTIONS FORESTIÈRES.

2e ANNÉE.

TRANSPORT DES BOIS.

ROUTES FORESTIÈRES, CHEMINS DE VIDANGE, FLOTTAGES, ETC.;

PAR

M. P. LAURENT,

Inspecteur des Forêts, Professeur de Constructions à l'Ecole impériale forestière; ancien élève de l'Ecole impériale polytechnique et de l'Ecole royale d'Architecture; Membre de l'Académie de Stanislas.

NANCY,
IMPRIMERIE DE GRIMBLOT ET VEUVE RAYBOIS.
1854.

PROGRAMME

DU

COURS DE CONSTRUCTIONS FORESTIÈRES.

2e ANNÉE.

TRANSPORT DES BOIS.

Nancy, imprimerie de veuve Raybois et comp.

PROGRAMME

DU

COURS DE CONSTRUCTIONS FORESTIÈRES.

2e ANNÉE.

TRANSPORT DES BOIS.

ROUTES FORESTIÈRES, CHEMINS DE VIDANGE, FLOTTAGES, ETC. ;

PAR

M. P. LAURENT,

Inspecteur des Forêts, Professeur de Constructions à l'Ecole impériale forestière ;
ancien élève de l'Ecole impériale polytechnique et de l'Ecole royale d'Architecture ;
Membre de l'Académie de Stanislas.

NANCY,

IMPRIMERIE DE GRIMBLOT ET VEUVE RAYBOIS.

1854.

PROGRAMME DÉTAILLÉ DU COURS

DE

CONSTRUCTIONS FORESTIÈRES.

DEUXIÈME ANNÉE.

PREMIÈRE PARTIE.

CHAPITRE PREMIER.

§ I.

DU TRANSPORT DES BOIS, EN GÉNÉRAL.

Valeur des bois d'une forêt, d'après la position topographique de cette forêt.

Toutes les fois que l'administration pourra diminuer les frais de transport des bois, de telle sorte que le bénéfice qui en résultera soit sensiblement plus grand que le capital à engager pour l'exécution et l'entretien des travaux nécessaires à l'exportation, à meilleur marché, des produits de la forêt, il en résultera évidemment une amélioration notable.

Or, on peut effectuer le transport des bois du territoire de la forêt jusque sur les voies de terre ou d'eau déjà établies sur le sol français :

1° Pour les bois de service, soit en les traînant avec des *chaînes* sur la terre, soit en les tirant sur des *traîneaux* ou sur l'*avant-train d'un chariot ;*

2° En les faisant *glisser* par leur propre poids sur les pentes des montagnes ;

3° En les faisant glisser sur des chemins de *schlitte* et après les avoir chargés sur des traîneaux;

4° Au moyen de *glissoirs* ou *lançoirs,* canaux construits en bois, et dans lesquels on lance les bois avec ou sans le secours de l'eau ;

5° Par de simples chemins de vidange;

6° Par des routes forestières plus importantes;

7° Par le flottage à bûches perdues et à tronces perdues ;

8° Par le flottage en trains sur les ruisseaux et sur les rivières des bois de feu, des planches et des bois de service.

§ II.

DÉFINITIONS ET GÉNÉRALITÉS SUR LES ROUTES.

1° Axe d'une route.

2° Route de niveau ou en plaine.

3° Route inclinée { en pente. / en rampe. }

4° Route en terrain naturel.

5° Route en déblai.

6° Route en remblai.

7° Routes à mi-côte.

8° Fossés.

9° Rigoles souterraines qu'on appelle scioles, dalots ou ponceaux, *arches* ou ponts proprement dits.

10° Talus.

11° Inclinaison des talus dans { les roches dures. / les roches qui se délitent facilement. / les terrains solides. / les terres mobiles. }

12° Murs de terrasses.

CHAPITRE II.

NOTIONS GÉNÉRALES SUR LES ROUTES FRANÇAISES.

§ I.

DE LA CHAUSSÉE, DE LA VOIE, DE L'EMPIERREMENT ET DES ACCOTEMENTS.

On appelle *voie* la partie d'une route comprise entre ses fossés.

Pour peu qu'une route soit fréquentée, elle ne peut résister à l'action des roues des voitures et des pieds des chevaux, si elle est seulement établie en terre.

. Moyens employés pour obvier à cet inconvénient.

Routes romaines. Chariots qui passaient sur ces routes. Luxe de solidité dans la construction de ces routes.

Les routes françaises sont de deux sortes : 1° *routes pavées; 2° routes empierrées.*

Ancienne manière d'établir les empierrements des routes françaises.

La *chaussée* est la partie de la voie qui est empierrée ou pavée.

Les accotements sont les parties de la route qui ne sont ni empierrées ni pavées.

L'empierrement et le pavé sont posés dans un *encaissement.*

Ancienne méthode d'empierrement à trois couches successives. Ses inconvénients.

Méthode de Mac-Adam : 1° Sol asséché par des fossés qui assurent l'écoulement des eaux; 2° empierrement sur le terrain naturel ; 3° hauteur de cet empierrement, $0^{m},25$ à $0^{m},30$; grosseur des matériaux, de $0^{m},06$ de côté ; nets de détritus et posés à trois reprises.

Importance que Mac-Adam attachait à la propreté des matériaux concassés.

Modifications que la méthode anglaise a subies en France.

Les ingénieurs français ne pensent pas que la précaution de ne placer que des pierres de la même grosseur, et nettes de détritus, soit aussi importante qu'elle le paraissait à Mac-Adam.

M. Polonceau a proposé de combiner la pierre dure avec une certaine quantité de pierres plus tendres. Diverses manières de disposer les couches de ces matériaux différents.

Avantages de cet emploi, surtout quand la pierre dure est siliceuse.

Si, avec des empierrements composés de mauvais matériaux, mais convenablement entretenus, l'expérience prouve qu'on peut avoir de bonnes routes, ce résultat est mieux obtenu encore avec des matériaux résistants.

Autres différences entre les routes françaises et celles anglaises. Pas d'accotements en terre, dans les secondes; les voies y sont moins larges, moins boueuses et moins bombées; attendu que l'écoulement des eaux dans les fossés s'y fait plus facilement.

Fatigue du roulage sur les routes nouvellement empierrées.

§ II.

DU ROULEAU COMPRESSEUR ET DU PILONAGE.

Pour éviter au roulage la fatigue d'opérer le tassement des empierrements, on a eu recours au rouleau compresseur.

Premier rouleau compresseur qu'on ait employé : tonneau en bois de chêne recouvert de cercles de fer, chargé de pierres cassées et de sable, et un double brancard.

Premier passage du rouleau : vingt tours; huit à dix emplois de sable et cent tours de rouleau en tout. La prise a lieu par la couche inférieure. Le sable qu'on répand lie principalement la partie supérieure.

Qualité préférable du sable selon la saison. Débris de pierres employés avec avantage, $0^{m},03$ à $0^{m},05$ par mètre carré.

Arrosage par un temps sec; précautions à prendre. Dans les terrains argileux : opérer du 1er mars au 1er août; dans les terrains sablonneux, du 1er février au 1er septembre.

On force d'abord le roulage à passer successivement sur toutes les parties de la route :

1° Emplois de grosses pierres, en files de cinquante mètres, placées alternativement d'un côté et de l'autre de la route.

2° Emplois, en échiquier, de petites pierres cassées.

3° Emploi du balai pour faire disparaître les frayés.

4° Emploi du pilon de 10 kil. pour tasser les parties disgrégées par les pieds des chevaux.

Pour être sèches, les routes cylindrées n'ont besoin que d'être peu bombées. Plantations sur les bords plutôt utiles que nuisibles.

Prix du cylindrage par mètre courant : $0^f,75$, pour une route de 8 mètres de chaussée.

Avantage dû au cylindrage. Fatigue du roulage et matériaux épargnés; car, sans cela, une partie notable aurait été broyée.

La couche inférieure peut être composée de matériaux cassés plus gros.

Sur une rampe qui dépasse $0^m,05$ par mètre, quatorze chevaux ne peuvent plus tirer le cylindre. On le remplace par le pilonage avec emploi de sable qu'on incorpore petit à petit.

Cylindre compresseur en fonte de $1^m,00$ de diamètre avec caisse en bois qu'on charge de pierres à volonté.

Application du cylindrage aux chemins vicinaux.

Rouleau compresseur économique de M. Polonceau. On le fait passer huit à dix fois sur les chemins vicinaux qu'on empierre.

Si le sol n'est pas empierré, on le recouvre au moins d'une couche de $0^{m},03$ de sable ou de gravier, ou même de terre dure. Prix d'achat du cylindre : 5 à 600 fr.

Pour ces chemins, il est avantageux de ne pas y creuser d'encaissement.

Ceux de ces chemins qui n'ont qu'une fréquentation d'environ vingt à trente colliers n'exigent pas, selon M. Berthault, un empierrement de plus de 6 à 10 cent. d'épaisseur sur un terrain préalablement déjà cylindré.

§ III.

DÉPENSE DE L'EMPIERREMENT D'UNE CHAUSSÉE.

Le prix total de la fourniture et de l'emploi du mètre cube des matériaux se compose :

1° De l'extraction à la carrière et du cassage ;

2° Du transport à pied-d'œuvre ;

3° De l'emploi.

Soit *a* le prix des déblais nécessaires pour mettre à découvert la pierre de la carrière, *t* le temps nécessaire au déblai de n mètres cubes déposés sur le bord de la fouille, t' le temps nécessaire au cassage.

La dépense pour N mètres cubes cassés sera

$$P = \frac{p\,(t + t')}{10\,n}\,N + a.$$

Cas où il n'y a qu'une carrière, distante de D de la route dont la longueur à empierrer est L :

Soit l et l' les parties de la route placées de chaque côté du point où le chemin de la carrière vient y aboutir; s et s' les quantités à transporter sur l et l' et a la distance moyenne que devra parcourir chaque mètre cube, on aura :

Type du calcul.

$$x = \frac{\left(D + \frac{l}{2}\right) s + \left(D + \frac{l'}{2}\right) s'}{s + s'}\text{; et comme } \frac{s}{s'} = \frac{l}{l'} \quad \text{d'où}$$

$$s = s'\,\frac{l}{l'}$$

$$x = \frac{2\,(l + l')\,D + l^2 + l'^2}{2\,(l + l')} = D + \frac{l^2 + l'^2}{2\,L}$$

Si donc v est le prix du transport à un kilomètre, pour $N^{m.c.}$ on aura la dépense

$$E = N \left\{ \frac{p\,(t + t')}{10\,n} + v\left(D + \frac{l^2 + l'^2}{2\,L}\right) \right\} + a.$$

Dans le cas où il y a deux carrières, on cherchera le point jusques auquel il conviendra de porter les matériaux de chacune d'elles.

Soit D la distance de la première carrière à la route, D' celle de la seconde, *d* celle des deux points où viennent aboutir les chemins des deux carrières ; soit P le prix du mètre cube à la première, P' le prix du mètre cube à la seconde, *p* le prix du transport à un mètre de distance d'un mètre cube de la première carrière, *p'* celui du transport à partir de la seconde ; soit enfin x la partie de la route sur laquelle seulement devront être portés les matériaux de la première carrière, on a

$$P + p\,(D + x) = P' + p'\,(D' + d - x),$$

d'où $$x = \frac{P' - P + p'\,(D + d) - D\,p}{p + p'}.$$

Si $p = p'$, $x = \frac{P' - P}{2p} + \frac{D' - D + d}{2}$; si $P = P'$,

$$x = \frac{D' - D + d}{2}.$$

§ IV.

DES PENTES DES ROUTES.

Quelles sont les diverses pentes ou rampes à adopter de préférence sur les routes.

L'expérience prouve :

1° Que l'écoulement des eaux se fait mal dans les fossés, quand la pente n'approche pas $0^{m},008$ par mètre (éviter les routes horizontales ; difficulté de leur entretien) ;

2° Que les inclinaisons les plus favorables à l'entretien paraissent être de deux à trois centimètres par mètre.

Poids transportés avec les mêmes tractions sur les pentes suivantes :

Rampes par mètres		Poids transportés		
	0m,000		11,00kil.	00
	0 ,010		9,90	00
	0 ,020		8,95	00

Malgré les différences entre ces poids, les rampes de un et de deux centimètres ne sont pas nuisibles à la traction. Les muscles des chevaux qui se sont fatigués en montant se reposent à la descente.

Les pentes de 0m,01, jusqu'à même celles de 0m,05 ne sont pas nuisibles à l'entretien. Longueur de chaussées moins longue à entretenir que sur des pentes inférieures.

L'entretien devient extrêmement difficile, lorsque la pente excède 0m,08 pour mètre.

La question de savoir quelles sont les rampes les plus avantageuses sur les routes ordinaires est fort complexe, à cause des véhicules de tout genre, tirés par des attelages variés et marchant avec toutes sortes de vitesse.

Dans les temps déjà reculés, où les chariots ne marchaient guère qu'au pas sur les routes, on traçait ces dernières avec des inclinaisons fort rapides. L'idée prédominante était de prendre la direction la plus courte.

Beaucoup de chemins vicinaux sont encore ainsi disposés aujourd'hui.

A mesure que la rapidité des transports a augmenté, on a abaissé les déclivités.

La rampe la plus avantageuse à la traction serait :

Suivant les calculs des ingénieurs Corrèze et Manès, et selon les cas, celles de $0^m,07$, $0^m,08$, $0^m,09$ et même $0^m,10$ pour mètre.

D'après ceux de M. Goux, pour un cheval au pas et selon le chargement, celles de $0^m,05$, de $0^m,07$ pour mètre.

D'après les expériences de M. Devilliers, sur des chariots au pas, la vitesse la plus favorable serait celle de $1^m,00$ par seconde et sur des rampes de $0^m,09$ et même de $0^m,098$. Cet ingénieur voyant augmenter la vitesse des chevaux à mesure que la rampe augmente, en déduit *qu'ils n'ont pas le sentiment de leur conservation*.

Enfin, d'après les calculs de M. Favier, et en ayant égard aux diverses vitesses de traction à la fois, l'on ne devrait jamais dépasser $0^m,035$.

Expériences de l'auteur au moyen d'un petit chariot de fer tiré, sur une planche unie, par un poids attaché au chariot par un fil passant sur la gorge d'une poulie.

Le chariot chargé pesait 1450 gr.; le poids tirant

244 gr. La planche avait 1^{m},50 de longueur; elle était parcourue par le chariot dans le temps nécessaire, à un compteur à cadran, pour battre trente-cinq coups ; ce compteur étant réglé à 172 pulsations par minute et le poids étant 60 gr. Ce poids tirait donc environ le $^{1}/_{24}$ de la charge, comme sur un chemin empierré. Le poids de 244 gr. était tel que, sur la rampe de 0^{m},11, le chariot montait encore sans efforts. Le tableau suivant rend compte des expériences de traction sur les rampes de 0^{m},00 jusqu'à 0^{m},11 pour mètre.

TABLEAU A.

POIDS attaché sur la poulie.	RAMPES par MÈTRE.	DISTANCES horizontales.	HAUTEURS auxquelles on s'est élevé dans chaque expérience.	NOMBRE de battements du COMPTEUR	TEMPS nécessaire pour s'élever à 0,001.	OBSERVATIONS
	m	m	m	b	h	
244 gr.	0,00	1,5000	0,0000	4,50	0,000	L'horizontale sur laquelle on s'est guidé pour déterminer les pentes, a été établie à chaque expérience avec un long niveau à bulle d'air et avec une règle épaisse nouvellement rectifiée.
	0,01	1,4992	0,0149	4,80	0,323	
	0,02	1,4986	0,0299	5,00	0,166	
	0,03	1,4979	0,0449	5,20	0,113	
	0,04	1,4970	0,0598	6,00	0,106	
	0,05	1,4960	0,0728	7,00	0,090	
	0,06	1,4949	0,0938	7,25	0,077	
	0,07	1,4937	0,1045	7,80	0,074	
	0,08	1,4922	0,1193	8,50	0,071	
	0,09	1,4903	0,1341	9,25	0,068	
	0,10	1,4880	0,1448	12,00	0,080	
	0,11	1,4855	0,1634	15,00	0,091	

D'après la cinquième colonne, à la rampe 0^{m},09 correspond le temps minimum pour s'élever de 1^{m}

de hauteur, c'est-à-dire, le plus grand travail utile ; mais la vitesse est ralentie de plus de moitié. C'est tout près de $0^{m},09$ qu'il faut une force double pour marcher aussi vite qu'en plaine.

Comparaison entre ce résultat et ceux des ingénieurs précités.

La rampe comprise entre $0^{m},08$ et $0^{m},09$ correspond à celle de $^{1}/_{12}$ ou $0^{m},083$ par mètre, adoptée pour les rampes que l'on fait gravir aux brouettes.

Sur une rampe de $0^{m},08$ pour mètre, des chariots à un cheval, comme ceux des Francs-Comtois, qui ont l'habitude de doubler leur attelage pour monter les côtes, marcheraient, d'après cela, aussi vite qu'en plaine, si, dans la pratique, les choses se passaient comme dans cette expérience, ce qui n'est pas probable.

On a toutefois objecté que, sur le terrain, le cheval qui est ici représenté par un poids de 244 gr. est obligé de se monter lui-même. On a introduit dans le calcul cette condition.

Type du calcul.

Soit p la pente, α l'angle d'inclinaison de la rampe :

$$p = \text{tang. } \alpha, \ \sin. \alpha = \frac{p}{\sqrt{1+p^2}}.$$

Composante que ferait monter 244 gr.

$$F = 244 \frac{p}{\sqrt{1+p^2}}.$$

TABLEAU *B*.

PENTES.	$\sin.\alpha = \frac{p}{\sqrt{1+p^2}}$	COMPOSANTE 244 sin. α.	FORCES RESTANTES.
m	m	g	g
0,01	0,009	2,19	241,81
0,02	0,018	4,39	239.61
0,03	0,028	6,59	237,41
0,04	0,038	8,78	235,22
0,05	0,048	10,98	233,02
0,06	0,058	13,18	230,82
0.07	0,068	15,37	228,63
0,08	0,078	17,57	226,43
0,09	0,088	19,76	224,24
0,10	0,098	21,96	220,04

D'ailleurs les temps employés à parcourir la planche sont inversement proportionnels aux forces de traction. Soit T' le nouveau temps, on a :

$$T' = \frac{T \times 244^{g}}{F.}$$

En substituant les valeurs de T du tableau *A*, on trouve encore pour le temps minimum la rampe de $0^{m},09$. La condition introduite ne change donc rien à la détermination de la rampe la plus avantageuse. Il était d'ailleurs facile de prévoir ce résultat ; car, en retranchant 244 gr. du poids total 1450 gr., on s'éloignait assez peu des données de la première expérience pour qu'on dût penser que ces premiers résultats ne seraient pas sensiblement modifiés non plus.

D'après tout cela, la rampe la plus avantageuse pour un cheval au pas, assez fort pour enlever sa charge sans efforts extraordinaires, serait celle de $0^{m},09$; et, pour le doublement des attelages, et en conservant la même vitesse, celle de $0^{m},08$.

Expériences de traction exécutées par l'auteur sur la rampe du versant occidental du Donon et sur la route départementale de Raon-l'Etape à Strasbourg, pour être comparées aux précédentes.

Poids du chariot qui a servi aux expériences	$327^{k},50$
Poids de la charge. $2^{st.}$ de sapin sec, à $447^{k},50$ chaque	$895,00$
Total du poids tiré	$1222^{k},50$

Les deux chevaux à peu près d'égale force qui ont servi aux expériences étaient toujours les mêmes, marchant pour ces expériences aux mêmes heures, ayant d'ailleurs déjà fait le même travail chaque jour et s'étant reposé le même nombre d'heures.

La partie de route parcourue présentait des rampes d'inclinaisons diverses, à partir de celle de $0^{m},053$ jusqu'à celle de $0^{m},099$. Au sommet de la côte, il y avait une partie sensiblement horizontale; toutes ces pentes ont été mesurées avec soin, ainsi que les longueurs de route auxquelles elles correspondaient.

Les chevaux, excités seulement à la voix, ont autant que possible tiré d'une manière uniforme dans chaque rampe. Soixante-douze expériences successives ont été faites.

Sur la partie horizontale, le chariot a été tiré seulement par un cheval; sur les autres, les deux chevaux ont été attelés.

Les moyennes de toutes ces expériences ont été consignées dans le tableau ci-joint.

NOMBRE de CHEVAUX.	RAMPES.	DISTANCES hori-zontales.	DURÉE de l'expé-rience.	TEMPS nécessaire pour parcourir 1 kilom	TEMPS nécessaire pour monte de 1^m,00.	POIDS A TIRER.
1 cheval.	0^m,000	320^m,00	4',50	14',06	0',0000	1°
2 chevaux	0 ,053	400 ,00	6 ,00	15 ,00	0 ,2828	1 chariot,
	0 ,055	300 ,00	4 ,59	15 ,30	0 ,2782	327k.,50 ;
	0 ,077	210 ,00	3 ,75	17 ,85	0 ,2319	2°
	0 ,082	353 ,00	6 ,31	17 ,87	0 ,2180	charge,
	0 ,085	144 ,25	2 ,43	17 ,84	0 ,1982	2st.,00 de sapin.
	0 ,915	168 ,20	2 ,96	17 ,59	0 ,1923	
	0 ,093	162 ,00	2 ,83	17 ,46	0 ,1878	1795k ,00.
	0 ,099	118 ,50	2 ,04	17 ,22	0 ,1739	Total. 1222k,50

La cinquième colonne fait voir que les vitesses des chevaux ont été en diminuant jusqu'à la pente de 0^m,082, mais qu'au-delà, au lieu de continuer à se ralentir, les allures des chevaux se sont accélérées. Pour nous, qui connaissions les conditions dans lesquelles ils étaient placés, ce résultat n'avait rien d'inexplicable et n'indique pas que les chevaux n'ont pas *le sentiment de leur conservation*. Car nos chevaux, parcourant tous les jours la même route avec la même charge (une banne de charbon qu'ils conduisaient aux forges de Framont), savaient bien que l'effort violent qu'ils avaient à faire sur les rampes de 0^m,085, 0^m,915, 0^m,093 et 0^m,099 pour mètre ne devait durer que très-peu de temps, pendant lequel, somme toute, ils dépensaient moins de force en allant plus vite, attendu qu'à chaque coup de collier qu'ils auraient donné en montant doucement, ils auraient eu une certaine dépense de force nécessaire à la mise en train du chariot. Mais cette allure était exorbitante et ne pouvait durer longtemps; on ne doit donc rien conclure de régulier du temps de plus en plus court qu'ils ont employé à s'élever de 1^m,00 de hauteur sur les déclivités au-dessus de 0^m,082; mais, jusque-là, l'effet utile augmente régulièrement avec la déclivité, et les expériences sont concluantes.

Toutefois, comme l'expérience prouve d'ailleurs qu'au-delà de 0^m,08, l'entretien devient extrêmement difficile, le chiffre de 0^m,08 est la limite supérieure au-dessus de laquelle il ne convient pas de porter les déclivités des routes destinées à être parcourues par des chariots marchant au pas. Ces chariots, faisant en plaine un kilomètre en 14',06, mettraient 17',87 pour faire le même trajet, c'est-à-dire, 3',81 de plus. Ce résultat est suffisamment conforme à celui qu'à fourni l'expérience faite avec le petit chariot de fer.

Mais, d'autre part, si l'on veut que la vitesse reste

sensiblement la même qu'en plaine pour le roulage, la quatrième colonne prouve que pour parcourir un kilomètre sur une rampe de 0^m,053 pour mètre, il faut à un attelage double seulement $0'$,94 de plus qu'en plaine, de telle sorte qu'on doit croire que la déclivité de 0^m,05 est celle qui, pour un attelage double, conserve la même allure qu'aurait le même chariot tiré en plaine par un seul cheval; et ce doublement des attelages se fait de préférence avec des chevaux faibles, dont l'allure serait par trop ralentie s'ils marchaient seuls, ou même qui ne pourraient pas tirer du tout le chariot.

Enfin, ces résultats font facilement comprendre comment les ingénieurs, ayant en même temps égard aux voitures rapides et au roulage qui marche au pas, font abaisser les rampes jusqu'à 0^m,035.

Somme toute : la rampe la plus avantageuse pour le doublement des attelages, auxquels on veut conserver la même vitesse qu'en plaine, est celle de 0^m,05 pour mètre.

Celle qui donne le plus grand travail utile, avec une vitesse ralentie de $3'$,81 par kilomètre est celle de 0^m,08 pour mètre.

Celle qui convient le mieux à des vitesses variées correspond au chiffre de 0^m,035 pour mètre.

Toutefois, quand le terrain manque pour que la pente de la route soit abaissée jusqu'à 0^m,08 pour mètre, ainsi que cela arrive assez souvent dans les forêts en pays de montagnes, on est forcé de subir des déclivités de $0^m,10$ pour mètre.

Dans de pareils cas, il est indispensable de diminuer la vitesse des eaux qui tombent sur la voie et dans les fossés. Pour empêcher cette voie d'être ravinée, on y établit des revers d'eau fort rapprochés les uns des autres. Quant aux fossés, ou bien on les pave avec des cailloux ou d'autres pierres, ou, de distance en distance, on y construit de petits murs verticaux quelconques qui tuent la vitesse des eaux courantes.

Si, au contraire, la route forestière doit passer sur un terrain plat qui ne procure aucun écoulement aux eaux pluviales, on y remédie : 1° en exagérant le bombement de la chaussée et des accotements; 2° en creusant des fossés dont la profondeur nulle, au point de départ, augmente jusqu'à $1^m,50$, avec une pente d'au moins $0^m,005$ pour mètre, et vont déboucher dans des puisards qu'on a soin de curer de temps en temps.

§ V.

DE L'ENTRETIEN DES ROUTES ORDINAIRES.

Ancienne méthode d'entretenir les routes, une seule fois par an, en automne. Ses inconvénients.

Création des cantonniers chargés d'un entretien continu. Plusieurs classes de cantonniers. Surveillés eux-mêmes par les piqueurs et les conducteurs. Ouvriers auxiliaires. Différence de cet entretien et de celui qui a lieu en Angleterre, au moyen d'ateliers ambulants.

Circulaire du directeur des ponts et chaussées aux Préfets, relativement à l'entretien des routes et à leur réparation.

1º *Entretien. Route supposée à l'état normal.*

I. Enlèvement continu de l'usure journalière de la route :

1° Enlèvement de la poussière ; au balai de bouleau et au racloir, si elle a une certaine épaisseur. C'est après une petite pluie que le balayage profite mieux.

2° Enlèvement de la boue. Si elle est grasse, le racloir est préférable ; lorsqu'elle est liquide, c'est le balai.

II. Emploi des matériaux destinés à remplacer l'usure.

On peut attendre le moment le plus favorable de l'année ; temps pluvieux d'automne.

Quand le balayage et l'ébouage ont été faits avec soin, la pluie fait seulement paraître quelques flaches de $0^m,02$ à $0^m,03$ de profondeur au milieu.

Repiquage de ces flaches. On y dépose des matériaux arrangés avec soin, les plus petits sur les bords.

Dimensions de ces emplois : Deux à trois mètres de longueur sur un mètre de largeur. On fait disparaître avec le balai les frayés qui viennent à se montrer, et on dépose de nouveaux emplois pour dérouter les voitures.

On est maître de placer sur la route autant de matériaux qu'on le veut, en rechargeant successivement les légères dépressions qui se manifestent toujours sur une route après la pluie.

Sur 100$^{m.c.}$,00 de détritus qu'on enlève, soit en boue, soit en poussière, la chaussée n'en a perdu qu'environ 60 ; le reste a été apporté, soit par les vents, soit par les voitures. On peut ajouter aux pierres concassées une certaine quantité de détritus qui en aideront la prise.

Cette méthode exige un personnel considérable, occupé à l'époudrage en été, à peu près autant qu'à l'ébouage en hiver.

Dégradations accidentelles. Si des ornières se sont manifestées, on les cure à vif d'abord, si elles ne sont qu'apparentes ; cette manœuvre suffit.

Si, après le curage, l'ornière persiste, on y dépose des matériaux à fleur de la route, ou un peu au-dessus. Ne jamais faire d'emplois d'un seul côté de la route.

2° Réparation des routes.

Deux Méthodes.

I. On démonte l'ancienne chaussée; on passe à la claie les matériaux extraits, s'ils renferment beaucoup de terre; mais s'il y a de grosses pierres, on les casse. On y ajoute en matériaux nouveaux ce qui est nécessaire. Dépense: 3 à 4 fr. par mètre courant. Roulage entravé.

II. On commence à s'assurer, par des coupures, de l'état de la chaussée. Enlèvement immédiat de tout ce qui est nuisible. Si elle est trop épaisse, on pique les parties saillantes et on laisse, par l'usure, la route descendre parallèlement à elle-même jusqu'à l'épaisseur normale.

Si le profil est trop plat, on l'exhausse par des emplois successifs. Une épaisseur de $0^m,05$ à $0^m,06$ de bons matériaux, sur l'ancien massif, suffit.

Même méthode pour les chaussées usées.

S'il ne reste que l'ancienne fondation de grosses pierres; on casse sur place les plus saillantes et par un temps humide, on fait des emplois en quantité nécessaire.

Elément constant dans l'entretien: la quantité de matériaux à restituer à la route. Eléments variables: Epoudrage, ébouage, grosseur des matériaux, main-d'œuvre. — Si le balayage diminue, l'ébouage exigera plus de main-d'œuvre, et réciproquement.

Opinion de M. Berthault sur l'époudrage.

Opinion de M. Dumast. *Maximum de beauté* correspondant, selon lui, au *minimum d'usure*. Succès de ce système sur les routes de la Sarthe, dont la fréquentation ne dépasse pas deux cents colliers.

Cette diminution de dépense n'est, selon d'autres ingénieurs, qu'apparente, attendu que la route s'use ainsi parallèlement à elle-même.

Les repiquages, dans cette méthode, doivent être faits avec soin; les matériaux sont cassés fins, saupoudrés de détritus et arrosés pendant les sécheresses et pilonés jusqu'à prise complète; augmentation de main-d'œuvre.

Les chaussées cylindrées et par conséquent très-unies s'entretiennent très-belles et à peu de frais par la méthode Dumast, mais s'usent parallèlement à elles-mêmes; car on se borne ainsi à les tenir unies, sans leur restituer ce qu'elles perdent incessamment.

Il faut alors, au bout d'un certain temps, un crédit considérable pour rétablir l'entretien tout entier. Circulation arrêtée pendant ce temps; à moins que, comme on le fait souvent aujourd'hui, on n'emploie le rouleau compresseur.

§ VI.

DE LA DÉPENSE DE L'ENTRETIEN.

L'empierrement d'une chaussée peut être comparé à un capital qu'il faut tâcher de tenir constant.

Si on le laisse s'abaisser par un entretien trop faible, c'est comme un emprunt qu'on fait sur le capital; si l'entretien est exagéré, on augmente le capital.

Erreurs des anciens ingénieurs sur l'entretien qu'ils exagéraient.

L'usure annuelle peut être considérée comme constante pour la même fréquentation.

M. l'ingénieur Dupuits a pris pour unité de longueur le kilomètre, et pour l'unité de fréquentation le cent de colliers (les chevaux des voitures légères ne comptant que pour ⅓ de collier).

L'usure moyenne est de 50m.c.,00 par cent de colliers.

Anciens empierrements qui, ayant atteint jusqu'à 1m,50 d'épaisseur par des rechargements exagérés, pourraient durer 300 ans avec une fréquentation de 100 colliers.

La dépense d'entretien est en raison directe de l'usure.

D'autre part, cette usure dépend de la qualité des matériaux. Cette qualité s'exprime par le nombre de mètres cubes usés par une fréquentation de 100 colliers.

Enfin, cette dépense croît en raison du prix du mètre cube des matériaux. Donc, en définitive, elle est égale :

Au chiffre de la fréquentation, multiplié par celui

de la qualité, et multiplié encore par le prix de revient du mètre cube d'emploi.

Un cantonnier peut employer 200$^{m.c.}$,00 par an et retirer en boue et en poussière la quantité correspondante. Connaissant son salaire annuel, on peut facilement calculer le prix de l'emploi d'un mètre cube qu'on ajoutera à celui du même mètre cube de pierre transporté à pied-d'œuvre.

M. Berthault estime qu'un cantonnier et demi par lieue et par centaine de collier suffit à tous les ouvrages qu'exige l'entretien, cassage compris.

La fréquentation, dans le même département, varie de........................... 1 à 10

La qualité des matériaux, de........... 1 à 3

Le prix des matériaux cassés, de........ 1 à 5

L'entretien peut donc varier de 1 à 10 × 3 × 5, ou de 1 à 150.

Il y a plus, car, en pays de montagnes, les versants exposés à l'ouest peuvent exiger un entretien deux fois plus coûteux que ceux qui sont tournés à l'est; la dépense de l'entretien peut donc varier de 1 à 300.

L'entretien des routes cylindrées, pendant les premières années, ne dépense qu'une très-faible quantité de matériaux par kilomètre.

Soit P et P' les prix des journées d'hiver et d'été, p et p' ceux de l'emploi du mètre cube, pris sur l'accottement et répandu sur la chaussée; le temps nécessaire à cet emploi étant $1^h,50$, on peut admettre

$$p = 0,214 \text{ en hiver}, \quad p' = 0,136 \text{ P}' \text{ en été.}$$

Le temps nécessaire à l'enlèvement complet d'un mètre cube de boue de 0,005 d'épaisseur peut être évalué à $4^h,00$.

L'entretien des accotements, fossés et talus, peut être estimé $0^f,02$ par mètre courant, quand la fréquentation est au-dessous de deux cents colliers.

La dépense de l'enlèvement des neiges est variable.

CHAPITRE III.

DES ROUTES FORESTIÈRES EN PARTICULIER.

§ Ier.

DES MOTIFS QUI DOIVENT DÉCIDER L'EXÉCUTION D'UNE ROUTE FORESTIÈRE.

Quand on veut établir une route forestière, les agents sont placés dans une position beaucoup plus simple et moins embarrassante que les ingénieurs des ponts et chaussées chargés de reconnaître s'il y a lieu d'exécuter une route d'un point à un autre du territoire.

Tâche de l'agent forestier.

Joindre par le chemin le plus court et le plus facile la forêt à exploiter avec les routes vicinales, départementales ou impériales, qui offrent le débouché le plus avantageux ; apprécier, en outre, les avantages que l'Etat est présumé devoir retirer de ce travail.

Le tracé étant arrêté, les plans des travaux dessinés et leur devis établi, pour comparer les bénéfices à la dépense, on remarquera :

Que lorsque la route forestière à substituer aux anciens mauvais chemins sera terminée, il en résultera une diminution du prix de transport des bois et une augmentation relative du prix d'adjudication des coupes.

Soit **D** la distance moyenne des coupes à la ville voisine, *d* la longueur du mauvais chemin actuel pour rejoindre une bonne route existante.

On demandera dans la localité le prix de transport du stère ou du mètre cube d'industrie sur la bonne route dont la longueur serait **D** — *d*.

Au surplus, on peut calculer ce prix directement.

Soit *a* le prix d'un chariot, conducteur compris ; *n* le nombre de stères chargés sur un chariot du pays; *t* le temps du chargement et du déchargement du chariot :

Un cheval au pas, attelé à un chariot, parcourt, en un jour de dix heures de travail, 36000 mètres; mais, comme l'attelage se repose à la forêt pendant le chargement, on peut admettre que la journée a effectivement douze heures ; soit *x* le nombre de kilomètres, pour une distance qui n'excédera pas 18 kilomètres, la valeur du transport du stère

$$p = \frac{a}{36\,n} \left\{ 2\,x + t \right\}$$

et pour la distance D — *d*

$$p = \frac{a}{36\,n} \left\{ 2\,(D - d) + 3\,t \right\}$$

Soit P le prix actuel du transport et N le nombre de stères à transporter, le boni B annuel sera

$$B = \left\{ P - \frac{a}{18\,n}(D + 3\,t) \right\} N.$$

Autres avantages souvent plus importants encore :

Il y a des localités où, faute de chemins, on brûle les bois sur place pour faire du charbon, tandis qu'avec de bonnes routes on pourrait exploiter en bois de feu et même en bois d'industrie.

Ailleurs, le traînage sur le sol détériore assez les bois de service, pour leur faire perdre la moitié de leur valeur.

Exemple de six pièces de bois de la forêt de Haguenau, dont la sortie seule a coûté 1,800 fr.

En outre, avec de bons chemins, la surveillance est mieux faite.

La suppression des anciens chemins restitue un terrain considérable à la forêt, diminue la dégradation des jeunes plants par les chariots et permet l'enlèvement des bois dépérissants qui renferment un grand nombre d'insectes dévastateurs.

L'établissement d'une bonne route rend possible souvent aussi l'application de la méthode des éclaircies qu'on n'y pratiquerait pas toujours sans cela ; attendu qu'on ne trouverait pas d'acquéreurs pour des bois abattus çà et là sur une vaste étendue de terrain dépourvue de chemins de vidange.

Il y a même des cantons qu'on n'exploite pas du

tout; car, avec les voies actuelles, les frais d'exploitation sont tels que, dans la localité, il ne se présenterait pas d'acheteurs pour des produits plus nombreux que ceux qu'on livre déjà annuellement au commerce.

Les délais de vidange sont rendus moins nécessaires.

Enfin les coupes peuvent être établies conformément aux règles d'assiette.

Ayant trouvé, par le calcul précédent, le boni résultant de la route, en le comparant à la somme des capitaux qu'il faudra engager pour son exécution et pour son entretien annuel, on pourra calculer, par une simple proportion, le taux du placement du capital ainsi engagé dans cette spéculation forestière et juger ainsi de ses avantages.

On a supposé que la possibilité de la forêt était constante, et qu'en conséquence, un aménagement normal et ses produits annuels étaient rigoureusement connus.

S'il n'en est pas ainsi, on devra modifier la marche du calcul.

Exemple d'une route à ouvrir dans une forêt qu'on veut ramener à un aménagement régulier au moyen d'une révolution transitoire, composée de trois périodes de trente années chacune.

On devra chercher le taux du placement du capital engagé, dans chacune des trois périodes, pour l'exécution de la route et pour son entretien.

On ne conseillera l'exécution de la route qu'autant que le taux du placement sera suffisamment élevé.

Si ce taux était trop faible pendant la première période, on devrait laisser les choses telles qu'elles sont et n'exécuter la route qu'au commencement de la deuxième, ou même de la troisième période, et peut-être seulement après la révolution transitoire.

Si l'aménagement régulier de la forêt n'est pas fait, il sera impossible de calculer le taux du placement d'une manière régulière; on ne pourra indiquer que les bonis annuels pendant tout le temps qu'on supposera que devra durer le mode actuel d'exploitation de la forêt.

§ II.

DES DIMENSIONS DES ROUTES FORESTIÈRES.

ARTICLE PREMIER. — *De la largeur des routes forestières et de leur empierrement.*

L'importance des routes forestières est fort inférieure à celle des routes départementales et impériales, souvent même à celle des chemins vicinaux.

Exemple : Une route de la forêt de Haie, près Nancy, dessert 700 hectares de taillis sous futaie, amenagée à 35 ans, et qui fournissent annuellement 5000 voitures à un cheval et 5000 voitures à vide ou 6666 colliers. Sa fréquentation n'est donc que de 18 colliers.

Mais il y a un grand nombre de voies de vidange dans les forêts dont la fréquentation est bien loin d'atteindre ce chiffre; notamment les petits chemins qui ne servent qu'à l'exploitation d'un petit nombre de coupes.

Dans tous les cas, les voies de vidange peuvent être divisées en deux classes : 1° celles qui ne sont parcourues, que dans un sens, par des voitures à charge; 2° celles qui le sont dans les deux sens, et où, par conséquent, deux chariots chargés peuvent se rencontrer.

Les premières n'ont pas besoin d'être aussi larges que les secondes; et l'on doit, autant que possible, restreindre leur largeur, attendu que les dépenses croissent dans une progression beaucoup plus rapide que ces largeurs.

L'expérience prouve que, dans beaucoup de cas, une largeur de $2^m,50$ ou de $3^m,00$ au plus, à la voie, suffit aux chemins forestiers de la première catégorie; cette voie, ayant pour fossés de simples rigoles de $0^m,50$ à $0^m,60$ de largeur, avec talus à 45°. La pente des déblais est fixée à 1 de hauteur sur 1 de base, et celle des remblais à 1 sur 1 $^1/_2$.

On établit des gares aux tournants pour la rencontre des chariots chargés et des chariots à vide. Le chemin, dans ces tournants doit avoir $4^m,00$ de largeur, avec raccord avec la largeur ordinaire, jusqu'à $10^m,00$ de distance, à partir du milieu du tournant.

Si le chemin doit servir au transport de grandes pièces de charpente, comme dans les sapinières, il est nécessaire que, dans les tournants, la tangente à la courbe intérieure soit au moins de $25^{m},00$.

Si ces chemins sont exécutés sur un sol dur et rocailleux, ils peuvent, à la rigueur, se passer d'empierrement; à la condition qu'un garde terrassier aura soin de combler, avec des pierres cassées, les ornières, toutes les fois qu'il s'en formera.

On peut ainsi finir, s'il y a besoin, par doter ces chemins d'un empierrement qui suffise à leur fréquentation; quand bien même cette fréquentation irait en augmentant, à mesure qu'on s'éloignerait du point de départ et que le chemin desservirait incessamment un plus grand canton de la forêt.

En pays de montagnes, il arrive fréquemment que les déblais fournissent une assez grande quantité de pierres dont on peut disposer pour donner, à ces chemins, un empierrement même fort épais et à bon marché.

On exécute d'abord la route en terre, jusqu'à la hauteur du fond du fossé, puis on jette, sur la chaussée, les pierres déterrées et qu'on a mises de côté; un homme, armé d'une masse, les casse au fur et à mesure qu'on les répand. On continue de la sorte jusqu'à ce que le fossé ait la profondeur fixée.

On évite ainsi la difficulté de creuser la rigole dans le terrain rocailleux, où souvent même on rencontre la roche franche.

Quand la fréquentation augmente jusqu'à dix-huit ou vingt colliers, et surtout quand les bois peuvent prendre des directions diverses, vers deux centres de consommation différents, on augmente la largeur des routes forestières, jusqu'à 4 à 5 mètres, en pays de montagne et même 7 à 8 mètres en plaine; la largeur des fossés étant environ de $0^m,75$ à $1^m,00$ et leur profondeur à l'avenant.

Les routes de 7 à 8 mètres de largeur sont comparables, sous beaucoup de rapports, aux routes stratégiques de l'Ouest. Les tables publiées par l'administration des ponts et chaussées peuvent servir pour les routes forestières.

Un empierrement de $0^m,12$ d'épaisseur, placé ou non placé dans un encaissement, suffit à la fréquentation des routes forestières.

Toutes les fois qu'on pourra cylindrer les routes forestières avant de les livrer au roulage, cette manœuvre sera très-avantageuse. Le cylindre économique que M. Polonceau a employé sur les chemins vicinaux est parfaitement applicable aux routes forestières.

Article 2. — *Dangers qu'offre, à l'action des vents, l'ouverture de larges tranchées dans les forêts.*

Il faut avoir égard à la manière dont les vents se comportent sur les diverses parties d'une chaîne, sur l'un des versants de laquelle on veut ouvrir une route.

L'action des vents, dans les sapinières, est souvent tout à fait imprévue.

Aux époques de l'année où les vents se montrent les plus violents, on peut remarquer que leur action, dans les Vosges, est due principalement à la lutte entre les vents d'*ouest* et les vents d'*est*.

A la suite des orages qui éclatent, après une période de beau temps que cause cette lutte, le vent d'ouest finit souvent par dominer.

Pendant la lutte, on voit les nuages, venant de l'est, courir dans les hautes régions de l'atmosphère, tandis que ceux qui viennent de l'ouest cheminent d'abord dans la plaine, avant d'arriver au premier étage de la chaîne, et continuent à rouler, en rasant ce premier étage, et en débouchant par les différents cols de cette première chaîne.

La trajectoire que suivent ces nuages dépend des forces relatives des courants antagonistes, des hauteurs des divers rangs de montagnes, placées les unes derrière les autres, et des largeurs des vallées qui les séparent.

Si le vent d'ouest est faiblement combattu par celui de l'est, sa trajectoire est très-allongée ; elle peut, passant par dessus les premières chaînes, venir frapper les troisièmes.

Si la pression exercée de haut en bas par le courant d'est devient plus forte, la trajectoire du vent d'ouest, plus courbée, vient frapper le versant ouest de la deuxième chaîne.

En troisième lieu, si la résistance du courant venant de l'est est plus grande encore, la trajectoire de celui de l'ouest peut venir frapper, soit le fond de la vallée qui sépare les deux premières chaînes, soit le versant est de la première, soit le plateau supérieur de cette dernière, soit enfin le versant ouest de cette même première chaîne; de telle sorte que les ravages qui peuvent s'y montrer et qui sont augmentés par l'état humide du terrain, causé par les pluies qui accompagnent ces luttes, ne sont que des cas particuliers de tous ceux qui peuvent être le résultat de ce combat. Par ces actions des deux vents, se manifestent des trombes, soit à axes horizontaux, soit à axes verticaux.

Les plus grands dégats ont lieu suivant les lignes d'intersection des divers versants par des plans verticaux qui passent par les différents cols des chaînes. L'expérience indique, dans chaque localité, les points qui sont le plus souvent atteints par l'ouragan et par lesquels il faut avoir soin de ne pas ouvrir de tranchées. On fait alors passer la route forestière au-dessus ou au-dessous de ces points.

§ III.

DE L'ENTRETIEN DES ROUTES FORESTIÈRES.

Les simples chemins de vidange, peu fréquentés, n'exigent qu'un très-faible entretien. S'ils sont établis sur un terrain sec et pierreux, il n'y a d'autre chose à faire, de la part du garde-terrassier, qu'à rejeter, dans les ornières qui commencent à se former, les bourrelets que les voitures déterminent au bord de ces ornières. Nous l'avons déjà dit, page 34.

Mais si la fréquentation est un peu plus forte, et si le terrain est peu solide, le garde terrassier devra rejeter la terre de ces bourrelets au milieu du chemin, afin de l'exhausser, et remplir les ornières avec de petits emplois de pierres cassées. Ces emplois forceront les chariots à passer, pendant quelque temps, à côté d'eux et de nouvelles flaches ne tarderont pas à se manifester; le garde terrassier se comportera, à leur égard, comme pour les premières ornières.

Il pourra finir par doter ainsi le chemin d'un empierrement suffisant.

Si la fréquentation va continuellement en augmentant, à mesure qu'en s'éloignant du point de départ, le chemin dessert un canton plus considérable, le même procédé, recommandé d'ailleurs, pour les chemins vicinaux, par des ingénieurs distingués, permettra encore de donner, au bout d'un certain temps, un empierrement considérable à de pareils chemins ; car son épaisseur ira en augmentant selon la fréquentation.

On peut même, à la rigueur, si les fonds manquent pour fournir un empierrement à des routes forestières proprement dites, exécuter d'abord simplement en terre celles qui ont de 4 à 8 mètres de largeur, et finir, au moyen des chargements particls, par leur constituer un véritable empierrement.

Mais, ordinairement, il n'en est pas ainsi, et on empierre la route, avant de la livrer au roulage; alors il ne s'agit plus que de la tenir en bon état.

Nous avons dit que la fréquentation des routes forestières les plus fatiguées n'excédait guère le chiffre de vingt colliers.

Généralement le chiffre de dix colliers est plus fréquent.

Si, d'après la règle de M. Dupuits, on calculait alors l'usure, on ne la trouverait en moyenne que de cinq mètres cubes.

Ce chiffre est trop faible; car les influences atmosphériques, agissant sur une route très-peu fréquentée tout aussi bien que sur une route qui l'est beaucoup, augmentent ce chiffre, qui ne peut être donné par une proportion, qu'autant qu'on s'éloigne peu des conditions dans lesquelles ont été faites les expériences de M. Dupuits, c'est-à-dire qu'autant que la fréquentation se rapproche au moins de cent colliers.

Pour éviter de tomber dans de pareilles erreurs, on peut se régler sur des données pratiques plus en rapport avec les routes forestières.

Les agents des ponts et chaussées ont reconnu, dans beaucoup de cas, qu'un cantonnier peut suffire à l'entretien complet de 12 kilomètres de route dont la fréquentation ne dépasse pas trente colliers ; le cantonnier fournissant lui-même la pierre prise sur le bord de la route, la cassant et la répandant. Il en est ainsi sur la route de Senones à Schirmeck.

Si donc un garde terrassier est chargé de l'entretien de 12 kilomètres de routes forestières (et il ne peut guère en entretenir un plus long bout) et si son traitement est de 450 fr. par an, l'entretien du kilomètre coûtera environ 37 fr. ; soit plus largement : 40 fr.

Si les matériaux d'emplois ne sont pas à sa proximité, il faudra en payer à part la fourniture.

La dépense correspondra alors à un chiffre élevé environ de $1/3$ à peu près au-dessus de celui que la règle de M. Dupuits indiquerait.

Il y a des routes forestières qui sont parcourues, sans discontinuité, par les voitures ; celles-là devront être traitées, comme il a été enseigné pour les routes ordinaires.

Quant à celles qui sont fréquentées pendant une certaine période d'années, au bout desquelles elles restent fort longtemps sans presque servir, il peut y avoir avantage à ne pas leur restituer tout de suite leur usure annuelle.

Exemple :

Route dont l'empierrement a $0^m,12$ de hauteur, dont la fréquentation est 20 colliers, la qualité des matériaux 50 et qui doit servir 21 ans.

L'usure annuelle sera 10 mètres cubes, laquelle répartie sur une largeur d'empierrement de $3^m,00$, enlèvera à la route, chaque année, $0^m,035$, qui, augmentés de ⅓, l'abaisseront au plus de $0^m,005$.

A la rigueur, on pourrait donc laisser la route s'abaisser pendant 24 ans, en ne faisant que de l'entretenir unie; mais comme il serait dangereux qu'elle ne se défonçât dans les dernières années, si elle avait moins de $0^m,05$ à $0^m,06$ d'épaisseur, il s'ensuit que l'on n'aura pas à lui restituer son usure pendant les douze premières années et qu'on ne le fera que pendant les douze dernières.

Si on l'avait entretenue complètement, de la première année à la vingt-quatrième, la route aurait encore à la fin $0^m,12$ d'épaisseur d'empierrement inutile; puisqu'elle cesserait de servir pendant de longues années, durant lesquelles les intempéries des saisons finiraient par faire disparaître ce capital engagé en pure perte.

Au reste, l'entretien doit être dirigé d'après les principes de la circulaire du Directeur des travaux publics.

Cependant la boue ou la poussière ont peu besoin d'être enlevées sur les routes forestières, à cause du faible chiffre de leur fréquentation, d'une part, et de la quantité notable de détritus que les vents balayent ou que les eaux des pluies entraînent.

Les routes forestières présentent d'ailleurs une particularité qui force à une certaine époque de l'année de les débarrasser de la majeure partie, au moins, de la poussière ou de la boue qui peuvent alors les recouvrir; car, à l'automne et pendant tout le temps que dure la chûte des feuilles dans les forêts, il est indispensable, avant de déposer les grands emplois, d'enlever ces feuilles au rateau et au balai, et, par conséquent, d'expulser tous les détritus qui sont sur la route ou dans les fossés et les aqueducs.

Les routes forestières se trouvent donc ainsi nettoyées, à l'approche des premières gelées et des premières neiges; circonstance extrêmement utile pour empêcher un soulèvement dangereux, au moment des dégels successifs auxquels les routes peuvent être exposées, pendant l'hiver, et surtout à la fin de cette saison, où une route ainsi soulevée serait facilement attaquée par les voitures et même défoncée.

Sur les routes forestières, le repiquage des flaches est superflu; la prise des nouveaux matériaux d'emploi se faisant aussi bien sans cela, et les petites éminences, que laissent pendant quelque temps ces emplois, étant à peu près insignifiantes pour des chariots au pas.

§ IV.

CALENDRIER DU GARDE TERRASSIER FORESTIER.

On peut diviser la tâche annuelle du terrassier en quatre parts :

1° *Automne.* Balayage des feuilles et des autres détritus soit au balai, soit au rateau, soit au racloir, sur la route, dans les fossés et dans les aqueducs.

Emplois principaux destinés à restituer à la route ce qu'elle a perdu. Cassage de la pierre.

2° *Hiver.* Déblaiement des neiges, là où cela est indispensable et possible. Piquer et sabler les pentes glissantes. Soins à donner en outre, en pays de montagne, aux sentiers de traînage et de glissage. Tenir en bon état les rigoles et les aqueducs. S'il ne gèle pas, compléter les emplois. Enlèvement des bavures le long du passage des roues. Raclage des bosses. Cassage de la pierre.

3° *Printemps.* Entretien comme à la fin de l'hiver, si les alternatives de gelées et de dégels continuent. Si le hâle de mars se prononce, on fera de petits emplois avec le fond des tas. On commencera à nettoyer les accotements. Emplois de plus en plus rares. Commencer le curage des fossés. Extraction et cassage de la pierre.

4° *Été.* Ne faire que des emplois très-urgents. Les arroser, si le temps est sec. Curage des fossés, extraction et cassage de la pierre.

Hiérarchie nombreuse d'employés sur les routes ordinaires; cantonnier simple, cantonnier brigadier, piqueurs, plusieurs classes de conducteurs.

Les routes forestières, pour être bien entretenues, ont besoin souvent, non-seulement de gardes terrassiers; mais, en outre, les terrassiers doivent être surveillés. C'est à l'administration à apprécier par qui et comment doit se faire cette surveillance, qui est indispensable et a besoin d'être continue.

DEUXIÈME PARTIE.

CHAPITRE PREMIER.

DU TRACÉ DES ROUTES EN LIGNE DROITE.

§ I.

DÉTERMINATION DE LA PENTE PAR MÈTRE.

Pour établir une route, en ligne droite, d'un point A à un point B, il faut d'abord calculer la pente qu'aurait cette route si elle était exécutée.

Pour cela, on cherche la différence de niveau du point A au point B et la distance qui sépare ces points. Car, soit p la pente, h cette différence de niveau et D la distance, mesurée horizontalement entre les deux points, on a :

$$Dp = h$$

$$\text{d'où } p = \frac{h}{D}$$

Nous nous servirons, pour trouver h, du niveau de pente, généralement employé par les ingénieurs, et de la boussole de nivellement, plus ordinairement mise en œuvre par les agents de l'administration forestière et les officiers d'état-major.

Description du niveau de pente.

Manière de s'en servir.

Manière d'opérer avec la boussole de nivellement.

Tables de Messia simplifiées.

Mesure des distances horizontales.

Chaîne d'arpenteur.

Deux fils horizontaux parallèles ajoutés au réticule fixe de la boussole de nivellement.

Stadia ou mire de l'état-major.

Mire de l'auteur.

Manière de se servir de ces instruments pour la mesure des distances horizontales :

1° En plaine;

2° Sur un terrain incliné.

Supposons, vu la petitesse des angles en O, que KI et KM soient considérés comme perpendiculaires sur CI et OS, *fig.* 1 :

Type du calcul.

$$KI = RK.\ \cos\alpha,\ KM = KS.\ \cos\alpha;\ \text{donc } MI = RS.\ \cos\alpha$$

$$\text{mais}\quad MI : OK :: GL : OH; \qquad \text{et } OK = \frac{OH}{\cos.\ \alpha};$$

$$\text{donc } MI : \frac{OH}{\cos.\ \alpha} :: GL : OH,$$

$$\text{d'où } GL = MI.\ \cos.\ \alpha = RS.\ \cos.^2\ \alpha.$$

Tables donnant les valeurs de $\cos^2 \alpha$ pour diverses inclinaisons de 1 à 34°.

Or, l'erreur ne dépasse pas $1/_{512}$; elle est même fort au-dessous :

Type du calcul.

Deux triangles qui ont un angle égal sont entre eux comme les produits des côtés qui contiennent cet angle, et, s'ils ont même hauteur, leur bases sont comme ces produits.

D'après cela :

$$GL : RS :: OG \times OL : OR \times OS :: \overline{OG}^2 : OR \times OS$$

$$\text{donc } GL = RS \frac{\overline{OG}^2}{OR \times OS}$$

$$\text{mais} \quad OG = \frac{OH}{\cos. GOH} = \frac{OH}{\cos. f}\,;\ \overline{OG}^2 = \frac{\overline{OH}^2}{\cos^2 f}\,;$$

$$\text{d'ailleurs} \quad OR = \frac{OH}{\cos. (\alpha - f)} \text{ et } OS = \frac{OH}{\cos. (\alpha + f)}\,;$$

$$GL = \frac{RS. \dfrac{OH^2}{\cos^2 f}}{\dfrac{OH^2}{(\cos. \alpha - f)(\cos. \alpha + f)}} = RS \frac{\cos. (\alpha - f) \cos. (\alpha + f)}{\cos.^2 f}$$

$$= RS (\cos.^2 \alpha - \sin. \alpha \tan.^2 f).$$

$$\text{Or, si } \sin. \alpha = \frac{1}{2} \text{ et } \tan. f = \frac{1}{16}\text{; donc } \tan.^2 f = \frac{1}{256}$$

$$\text{et } GL = RS \left(\cos^2 \alpha - \frac{1}{512}\right)$$

Au moyen de la mire de l'auteur, un garde général, assisté d'un seul garde, peut se passer de la chaîne d'arpenteur et avoir les distances à moins de $0^m,005$ près.

Si on emploie un appareil mobile, la limite de l'erreur est évidemment la même que dans le premier cas, puisqu'on fait la même supposition.

§ II.

DÉFINITION DU PROFIL EN LONG ET DU PROFIL EN TRAVERS.

Quand la pente ne dépasse guère 7 à 8 p. %, elle n'est pas un obstacle à l'exécution de la route en ligne droite.

Il est nécessaire de reconnaître la différence qui existe entre le terrain actuel et ce qu'il deviendra, après que la route aura été exécutée.

Si l'on imagine que, par la ligne milieu de la route, c'est-à-dire, son axe, on fasse passer un plan vertical qui coupe le terrain, la figure comprise entre cet axe et le terrain indiquera l'importance des mouvements de terre (déblais et remblais) qu'il y aura lieu d'opérer suivant ce plan, et constituera ce qu'on appelle le *profil en long du projet*. *Fig.* 2.

On devra donc exécuter le nivellement du profil en long du terrain, en y déterminant les points où celui-ci est le plus nettement accidenté.

Mais ce profil en long ne compare, en définitive, le projet au terrain que suivant le plan vertical passant par l'axe, et ce renseignement utile est loin d'être suffisant. Pour le compléter, à tous les points du terrain indiqués dans le profil en long, on mène des plans perpendiculaires à l'axe et coupant le terrain, de la même manière que le plan au moyen duquel on a déterminé le profil en long.

On a ainsi, à chaque point du profil en long, des profils pareils à celui-ci et qui s'appellent les *profils en travers du terrain.* Au moyen des distances qui, dans le plan vertical passant par l'axe, séparent la route et le terrain, on place sur ces profils ceux de la route; les espaces compris entre ces profils en travers du terrain et ceux de la route, indiqueront les surfaces des déblais et remblais à exécuter de chaque côté de l'axe, et, par conséquent, entre ces figures seront compris les solides de déblais et de remblais à faire pour exécuter la route.

Nous allons voir comment il est possible de représenter tous ces profils sur un seul et même plan.

§ III.

DÉTERMINATION DU PROFIL EN LONG.

Le nivellement étant exécuté, d'après les données recueillies dans le calepin ci-annexé, on le rapporte à une ligne horizontale passant au-dessus de tous les points du terrain; afin de n'avoir, dans le dessin, que des cotes affectées du signe +. Cette manière d'agir laisse toujours la place nécessaire pour écrire les cotes de nivellement.

Pour rendre les accidents du terrain plus sensibles et les intersections de la route et du terrain plus faciles à indiquer nettement, on adopte pour les distances horizontales une échelle convenable; et quant aux distances verticales, on les rapporte à une autre échelle double, triple, quadruple et quelquefois même décuple de la première. Toutes les cotes du terrain s'inscrivent en noir et s'appellent les cotes noires. On établit aussi sur le papier le profil en long du terrain. Les lignes du terrain sont tracées en noir; celles de la route en rouge.

Dans les projets que nous aurons à rédiger pour les routes forestières, nous adopterons généralement l'échelle de $\frac{1}{2000}$ pour les distances horizontales et celle de $\frac{1}{500}$ pour les verticales.

1° *Calcul des cotes rouges du profil en long, fig.* 2.

Une côte *rouge* est la différence entre la cote du terrain et celle de la route.

Exemple d'un profil en long :

$$\begin{cases} c = bi + ic \\ c' = cg - gc'. \end{cases}$$

2° *Calcul du point de passage :*

$$c : c' :: l' : l''$$

$$c : c + c' :: l' : l' + l''. \quad l' = \frac{cl}{c + c'}. \quad l'' = \frac{c' \, l}{c + c'}$$

§ IV.

DÉTERMINATION DES PROFILS EN TRAVERS.

Les profils en travers du projet sont les figures comprises entre les profils en travers du terrain et ceux de la route, dans des plans verticaux qui passent par les différents points principaux où l'on a exécuté le nivellement du terrain.

Si l'on conçoit que ces plans, tournant autour de ces points et de droite à gauche, jusqu'à ce qu'ils soient rabattus sur un plan horizontal ; les profils en travers pourront ainsi être dessinés sur un même plan ou sur une même feuille de papier. On les y construit à des distances égales, assez grandes, pour qu'ils n'empiètent pas les uns sur les autres.

Dans les projets de routes forestières, nous adopterons, pour les profils en travers, l'échelle de $\frac{1}{100}$, tant pour les distances horizontales que pour les verticales.

Les profils en travers du terrain seront poussés à $10^{m},00$ de chaque côté de l'axe de la route, à moins que des cas particuliers ne forcent à les prolonger plus loin.

Pour le plan-terrier, nous adopterons l'échelle de $\frac{1}{1000}$.

Exemple, pour lequel on construira ces figures.

Si, quand on dessine les profils en travers sur le papier, on était forcé de tracer le profil bombé de la route, ainsi que son encaissement, on serait entraîné dans des longueurs qu'on évite, en lui substituant des profils plus simples et tels qu'on puisse facilement de celui-ci, repasser au premier.

On cherche pour cela la hauteur d'une ligne, dite de *compensation*, et telle que, si la route était d'abord exécutée avec une surface horizontale, il suffirait de creuser, au milieu, un déblai qui, porté en remblai, donnerait la pente convenable aux bas côtés et la profondeur voulue de l'encaissement.

Type du calcul, fig. 3.

Il faut que l'on ait : surf. $abe' =$ surf. $efgi$;

soient $al = a$, $ac = h$, $af = e$, $ei = \frac{1}{2}c$, $2a + c = L$;

on trouve :

$$h = 0{,}01\,\frac{c\,(100\,e - 4\,a) - 4\,a^2 - c^2}{L}.$$

§ V.

CALCUL DES SURFACES DE DÉBLAIS ET DE REMBLAIS.

Avec les profils en travers, on peut, à la simple vue, apprécier jusqu'à un certain point l'importance des déblais et des remblais à exécuter; mais cette appréciation est insuffisante pour donner une idée assez exacte des volumes de terre à déblayer et à remblayer. Il faudrait évidemment, pour cela, avoir calculé les surfaces des profils en travers.

Il y a deux moyens d'y arriver :

L'un, tout graphique, conduit rapidement au résultat; il consiste à décomposer, en triangles et en trapèzes, les figures de déblais et de remblais, et à mesurer leurs dimensions au compas sur le dessin même dont on connaît l'échelle. Ce procédé est employé, surtout, pour les tâtonnements qui précèdent le projet définitif. Pour ce dernier, les surfaces sont ordinairement déterminées par le calcul.

Or, de chaque côté de l'axe de la route et dans chacune des figures de déblais ou de remblais qui sont représentées dans les profils en travers, la ligne du terrain est en rampe ou en pente.

Si elle est en rampe, il y aura quatre cas à examiner.

Si elle est en pente, il y en aura cinq.

Dans ces différents cas, nous nous servirons, pour

les routes de $7^{m},00$, des lettres et des chiffres suivants ; *fig.* 4.

$bcde = F = 0^{m.q.},22015$; $fb = l = 5^{m},52$; $ad = l' = 5^{m},85$; $fe = l'' = 4^{m},48$; $t = 1$; $t' = 0^{m},667$.

1° *Ligne du terrain en rampe.*

1er CAS.

La ligne du terrain passe au-dessus de la route et du fossé.

Type du calcul, fig. 5.

$$R = o\,;\ D = ofg - aoe + F$$

$$\left.\begin{matrix} ok = kf\,.\,t \\ gk = kf\,.\,x \end{matrix}\right\} ok - gk = go = kf\,(t - x)$$

$$l''\,t + y = kf\,.\,(t - x) \qquad kf = \frac{l''\,t + y}{t - x}$$

$$ofg = \frac{(l''\,t + y)}{2\,(t - x)^2}$$

$$D = \frac{(l''\,t + y)^2}{2\,(t - x)} - \frac{l''^2\,t}{2} + F.$$

2e CAS.

La ligne du terrain passe au-dessus du fossé et coupe la route.

Type du calcul, fig. 6.

$$R = \frac{y^2}{2\,x} \qquad D = \frac{(l''\,t + y)^2}{2\,(t - x)} + R - \frac{l''^2\,t}{2} + F.$$

3e CAS.

La ligne du terrain coupe le fossé.

Type du calcul, fig. 7.

$$R = \frac{(lt + y)^2}{2(t + x)} - \frac{l^2 t}{2} \quad D = \frac{l'' t + y}{2(t - x)} + R - \frac{l''^2 t}{2} + F.$$

$$hcdf = o'gf + ogb - o'ae + F.$$

4ᵉ CAS.

La ligne du terrain passe au-dessous du fossé.

Type du calcul, fig. 8.

$$D = o \quad R = \frac{(lt' + y)^2}{2(t' + x)} - \frac{l^2 t'}{2}.$$

2° *Ligne du terrain en pente.*

1ᵉʳ CAS.

La ligne du terrain passe au-dessus de la route et du fossé.

Type du calcul, fig. 9.

$$R = o; \quad D = \frac{(l'' t + y)^2}{2(t + x)} - \frac{l''^2 t}{2} + F.$$

2ᵉ CAS.

La ligne du terrain coupe la route et le fossé.

Type du calcul, fig. 10.

$$R = \frac{(lt - y)^2}{2(t - x)} + \frac{y^2}{2x} - \frac{l^2 t}{2}; D = \frac{(l'' t + y)^2}{2(t + x)} + R - \frac{l''^2 t}{2} + F.$$

3e CAS.

La ligne du terrain coupe la route sans couper le fossé.

Type du calcul, fig. 11.

$$D = \frac{y^2}{2x}; \quad R = \frac{(lt' - y)^2}{2(t' - x)} + D - \frac{l^2 t}{2}.$$

4e CAS.

La ligne du terrain passe au-dessous de la route et coupe le fossé.

Type du calcul, fig. 12.

$$R = \frac{(lt + y)^2}{2(t - x)} - \frac{l^2 t}{2}; \quad D = \frac{(l'' t' - y)^2}{2(t + x)} - \frac{l''^2 t}{2} + F + R.$$

5e CAS.

La ligne du terrain passe au-dessous de la route et du fossé.

Type du calcul, fig. 13.

$$D = o; \quad R = \frac{(lt' + y)^2}{2(t - x)} - \frac{l^2 t'}{2}.$$

L'administration des ponts et chaussées a fait calculer d'après ces formules, des tables pour un empierrement de $0^m,20$.

On suppose, dans ces tables, que le profil du terrain, d'un des côtés de l'axe, est toujours une ligne droite.

Cas où le terrain est trop accidenté pour qu'on puisse le considérer comme suffisamment représenté par une ligne droite.

Type du calcul, fig. 14.

$$D = \frac{ah + gi}{2} \times ai + \frac{gi + ke}{2} ie + F + ekf$$

$$\text{soit } c = ke \quad ekf = \frac{c^2}{2(t - x)}.$$

Type du calcul, fig. 15.

$$ekf = \frac{c^2}{2(t + x)}.$$

MÉTHODE DE M. DUPUITS.

Emploi de la roulette.

Pour mesurer une surface quelconque, on la divise par des droites équidistantes et parallèles entre elles, la première et la dernière de ces lignes étant supposées tangentes à la surface.

Cette surface est égale à la somme des parties de toutes ces parallèles comprises dans la périphérie de cette surface, leur distance étant d'ailleurs assez petite pour qu'on puisse regarder les parties de la courbe du contour qui la termine, comme des lignes droites.

Cas où la surface est terminée par deux lignes droites, parallèles aux sécantes. On opère alors deux fois : la première sur toutes les ordonnées; la seconde, en omettant la première et la dernière de ces ordonnées et en prenant la moyenne.

Pour mesurer toutes les ordonnées, il y a un grand nombre de moyens. M. l'ingénieur Dupuits a imaginé une roulette dont la circonférence a dix centimètres et qui est divisée en centimètres et en millimètres. A l'axe de cette roulette, est un pignon dont le rayon est le $1/_{10}$ de celui de la roulette et qui s'engraine avec une seconde roue qui fait ainsi $1/_{10}$ de tour quand la première fait un tour entier.

Quand on a fait courir la première roue sur toutes les ordonnées, la deuxième roue indique combien la première a fait de tours entiers et celle-ci laisse voir ensuite combien l'on a fait, en plus, de centièmes de tour.

Cette approximation suffit dans la pratique pour la mesure des profils en travers. Il y a bien une petite erreur; mais, en comparant les résultats que l'on obtient par cet instrument avec ceux que fournissent les formules ci-dessus, on ne trouve de différences que dans les centièmes. Or, les nivellements du terrain, supposé en ligne droite, comportent des erreurs beaucoup plus grandes; par conséquent on ne risque rien à se servir de cet instrument.

Au surplus, l'esprit de cette méthode est indépendant de l'emploi de la roulette, et l'on arrive à des résultats aussi exacts, pour le moins, au moyen d'une bande de papier, coupée régulièrement en ligne droite et sur laquelle, avec un crayon très-fin, on marque, les unes au bout des autres, les ordonnées parallèles qui divisent une surface de déblai ou de remblai.

Le compas donne des résultats équivalents. Il suffit, avec une première ouverture, de mesurer la première ordonnée et de se transporter à la deuxième, en fixant une des pointes du compas, déjà ouvert, sur une des extrémités de cette ligne, et en posant ensuite l'autre pointe sur le prolongement de cette ordonnée. Cette deuxième pointe ainsi fixée, on ouvre le compas jusqu'à ce que l'autre pointe vienne coïncider avec la seconde extrémité de l'ordonnée, et on continue ainsi jusqu'à la fin. L'ouverture totale donne la somme de toutes les ordonnées qu'on peut alors apprécier au moyen d'une échelle.

Ces divers procédés peuvent singulièrement abréger les études préliminaires d'une route; car, avec du papier rayé, à une équidistance donnée, et le profil de la route dessiné une fois pour toutes, ainsi que les divers profils du terrain; au moyen des cotes rouges, il suffit d'appliquer, à sa place, le profil de la route tracée sur le papier transparent et de mesurer la somme des ordonnées comprises entre le profil de la route et celui du terrain.

Toutefois, on se tromperait si l'on croyait que cette manière de calculer les surfaces de remblai et de déblai peut dispenser l'ingénieur de construire les profils en travers dans un projet de route; car, en définitive, ces profils sont indispensables pour indiquer aux adjudicataires l'importance des travaux à faire pour l'entretien de la route.

S'il s'agit d'un projet dont l'échelle soit bien arrêtée, à l'avance, on peut faire lithographier des feuilles, sur lesquelles les profils de la route sont indiqués et où l'équidistance est calculée de telle sorte, que la largeur de la route est divisée par elle exactement.

§ VI.

CALCUL DES SOLIDES DE DÉBLAI ET DE REMBLAI.

Connaissant les surfaces de déblais et de remblais, il s'agit de calculer les solides de déblais et de remblais compris entre deux profils en travers consécutifs.

1° Supposons qu'un profil de remblai r soit suivi d'un autre profil de remblai r', ou qu'un profil de déblai d soit suivi d'un profil de déblai d' ; soit l la distance entre ces profils ; si D et R représentent les solides de déblais et de remblais on pourra poser :

$$R = \frac{r + r'}{2} l. \quad D = \frac{d + d'}{2} l.$$

Cette méthode n'est qu'approximative, mais elle suffit quand les profils sont assez rapprochés pour qu'ils ne diffèrent pas trop les uns des autres.

2° Si les profils sont, l'un en déblai et l'autre en remblai, on les compare à deux solides opposés ayant des bases rectangulaires et de longueurs égales, quoiqu'on sache bien qu'on commet une erreur, en apparence considérable, et qui est d'autant moins forte que les surfaces s'éloignent moins de la forme rectangulaire, et d'avoir la même longueur.

Figure 15.

$V = ADE \times AB \times D = \frac{1}{2} AD \times GE \times AB = \frac{1}{2} ABCD \times CE.$

$V' = ED'A' \times A'B' = \frac{1}{2} A'D' \times G'E \times AB' = \frac{1}{2} A'B'C'D' \times G'E.$

Pour calculer les deux solides, l'un de déblai, l'autre de remblai, d'après cette convention, il est nécessaire de connaître la distance moyenne de la ligne de passage.

Soit l la distance des deux surfaces opposées, l' la distance à la surface de remblai et l'' la distance à celle de déblai, on a :

$$l' = \frac{lr}{r+d}; \quad l'' = \frac{ld}{r+d};$$
$$R = \frac{lr^2}{2(r+d)}; \quad D = \frac{ld^2}{2(r+d)}.$$

Si l'un des profils est d'un côté en déblai, et de l'autre en remblai, l'autre profil étant tout en remblai ou en déblai : on divisera les surfaces de remblai en deux parties, r' et r'', pour lesquelles on opèrera comme dans le cas précédent, et l'on aura trois solides à calculer et un point de passage.

Enfin, si le premier profil est en déblai d'un côté et en remblai de l'autre, tandis que le second est en remblai et en déblai, on aura quatre solides et deux points de passage.

En outre, on joint à ces deux coupes du projet un *plan-terrier* qui indique la projection horizontale ou le plan des travaux à exécuter.

§ VII.

RÉPARTITION DES DÉBLAIS EN REMBLAIS.

Pour répartir les terres des déblais en remblais, il faudra s'y prendre de telle sorte que les transports soient les plus courts possibles et reconnaître si les terres des déblais seront en quantité suffisante.

On tiendra compte, s'il y a lieu, du foisonnement que subissent les terres transportées en remblai. Il y a, en effet, des terres qui foisonnent peu et d'autres dont une partie notable est enlevée par les pluies et surtout par les orages, pendant l'exécution des travaux. Ainsi, les terrains pierreux et caillouteux foisonnent peu, et les terrains sablonneux et argileux sont entraînés facilement par les eaux. Il y a un assez grand nombre d'ingénieurs qui, aujourd'hui, comptent, pour peu de chose, le foisonnement. Quand il s'agit de terres où ce gonflement ne peut être négligé, on l'apprécie généralement au $1/6$ du volume qu'elles occupaient en terrain naturel.

Pour faire la répartition avec ordre, on tire une ligne horizontale XY sur laquelle on portera les distances des profils en travers. Aux points ainsi marqués on amènera des verticales égales, et, sur ces verticales, on prendra, au-dessus de XY, des longueurs proportionnelles aux surfaces de déblais, et, au-dessous de la même ligne, des longueurs proportionnelles aux surfaces de remblais ; en joignant enfin, par des droites, les extrémités consécutives de ces longueurs, on aura, au-dessus de XY, des surfaces qui représenteront les solides de remblai, et, au-dessous, ceux de remblai, de telle sorte qu'on pourra facilement comparer les uns aux autres.

Pour opérer la répartition, on commencera par supposer que l'on prend d'abord dans les déblais toutes les terres qui peuvent être portées en remblai, en travers de la route et perpendiculairement à l'axe de celle-ci. Pour indiquer cette opération sur la figure, on prendra, sur la plus grande de chacune des figures qui représentent les remblais ou les déblais, une quantité égale à la figure correspondante, de l'autre côté de la ligne XY.

Si, par suite de cette première comparaison, on reconnaît que les solides de déblai sont égaux aux remblais, la répartition sera facile ; puisqu'il suffira de jeter en remblai, en travers de la route, les terres des déblais. Mais ce cas n'arrivera presque jamais, et alors il se présentera un des deux cas suivants :

1° Si les remblais excèdent les déblais dont on peut disposer; après avoir porté en longueur ce qui reste de déblais, on ira *emprunter*, sur le sol de la forêt, de la terre au plus près, qu'on portera à la suite des premiers remblais opérés en largeur et en longueur de la route;

2° Si ce sont les déblais qui l'emportent sur les remblais, ce qu'on reconnaîtra comme dans le cas précédent, par la différence totale entre la figure des remblais et celle des déblais; on portera, en largeur et en longueur, toute la partie des déblais qui doit parfaire les remblais, et le reste, on le *retroussera* sur le coteau, au-dessus de la route; ou bien, si la pente du terrain est trop forte, on la portera en *cavaliers* de l'autre côté de la route, de manière à élargir celle-ci, et on profitera de cet élargissement pour des dépôts de pierres ou de bois.

Si la route est à mi-côte, on conçoit que la majeure partie des transports aura lieu en largeur, tandis que si celle-ci est en déblai, ces transports se feront principalement en longueur.

La répartition des déblais, en longueur, devra commencer par les remblais les plus rapprochés.

Dans le cas où les déblais l'emporteront sur les remblais, on saura quelle partie de ces déblais devra être remblaiée, en séparant sur les déblais une surface S égale à celle des remblais. Soit x la largeur du trapèze qu'on veut détacher, a et y ses deux côtés verticaux :

Type du calcul, fig. 16.

$$ax + \frac{y}{2} x = S \text{ d'où } (2a + y) x = 2S;$$

$$\text{et } x : c :: y + a : b.$$

$$x = \frac{c(y + a)}{b} \quad \text{et} \quad (2a + y) \frac{c(y + a)}{b} = 2S$$

$$cy^2 + 3acy + 2ca^2 = 2bS$$

$$y^2 + 3ay = \frac{2bs - 2ca^2}{c}$$

$$y = \frac{-3a \pm \sqrt{a^2 - \frac{8bS}{c}}}{2}$$

$$x = \frac{4S}{a \pm \sqrt{a^2 - \frac{8bS}{c}}}.$$

Si les deux côtés, inférieur et supérieur du trapèze sont égaux, ou a $y = o$ et $x = \frac{S}{a}$.

Si ce sont les remblais qui l'emportent sur les déblais, on fera, sur la surface des remblais, une opération semblable.

Le problème de la répartition est plus facile pour l'agent forestier que pour l'ingénieur, attendu que le premier peut disposer à son gré de tous les terrains voisins, soit pour des emprunts, soit pour des dépôts.

§ VIII.

DISTANCES DES TRANSPORTS.

Après avoir fait la répartition, il s'agit d'évaluer les distances des transports.

Si deux solides, l'un A de déblai, l'autre B de remblai sont égaux et symétriquement placés relativement à l'axe, on pourra les considérer comme composés de points matériels a,a',a'', etc. b,b',b'', etc. dont les distances ab, $a'b'$, $a''b''$, etc. seront égales entre elles et en même temps à celle qui joint les centres de gravité des deux solides A et B, *fig.* 17.

Le transport du solide A sera donc égal à ab, répété autant de fois que le solide renferme de points matériels, c'est-à-dire, au solide de déblai multiplié par la distance du centre de gravité.

Dans les transports des déblais en remblais, cette circonstance se présente rarement; mais on s'en rapproche d'autant plus que les solides de déblai et de remblai sont près d'être égaux entre eux et symétriquement placés par rapport à l'axe. On agit cependant comme s'il en était rigoureusement ainsi, l'erreur étant d'autant moindre que ces solides rentrent davantage dans ces conditions.

Il y a néanmoins quelques cas où il n'est pas possible de suivre cette règle. Si les terres d'un déblai sont obligées de passer par un point donné, un pont, par exemple, pour arriver au remblai, la distance moyenne peut être plus grande que celle des centres de gravité.

Connaissant les solides de déblai S, S', S'', etc. et les distances moyennes D, D', D'', etc., auxquelles leurs molécules matérielles doivent être transportées, la distance totale pour $S + S' + S''$ sera

$$SD + S'D' + S''D'' + \text{etc.},$$

et la distance moyenne

$$\delta = \frac{SD + S'D' + S''D'' + S}{S + S' + S'' + \text{etc.}}.$$

La solution de cette question exige donc que l'on détermine les centres de gravité de triangles et de trapèzes.

CHAPITRE II.

TRACÉ D'UNE ROUTE EN LIGNE COURBE.

Nous ne nous sommes occupés jusqu'ici que d'une route tracée en ligne droite. On peut en plaine, ou dans un terrain peu accidenté, tracer de pareilles routes ; elles offrent plusieurs avantages, sous le rapport de la facilité de la surveillance de la forêt, et de l'économie du terrain.

En pays de montagne, on peut rarement tracer de pareilles routes un peu longues.

Supposons qu'il s'agisse d'organiser un système complet de vidange d'une masse de forêts domaniales qui couvriraient une chaîne de montagnes.

Les forêts domaniales sont souvent reléguées dans les parties hautes de la chaîne; les parties basses boisées ayant, à la longue, passé dans la possession des communes.

Soit une forêt dont les bois de feu desserviraient les usines placées d'un côté de la chaîne et dont les bois d'industrie pourraient être flottés sur un cours d'eau, de l'autre côté de la même chaîne.

Les bois de feu d'un versant devront remonter la

chaîne, la traverser par un de ses cols et descendre vers les usines.

Les bois de service, provenant de l'autre versant, devront traverser la même chaîne, en sens inverse des premiers, et redescendre de l'autre côté jusqu'au cours d'eau flottable.

Les voitures chargées se croiseront donc sur la route à établir, et celle-ci devra avoir environ $5^{m},00$ de largeur.

Sur cette route principale devront venir déboucher les chemins de vidange des coupes de la forêt, éloignées de la route.

On devra, avant tout, faire une reconnaissance générale de la forêt.

On examinera quels sont ses cantons les plus importants et par lesquels il sera plus avantageux de faire passer la route, en longeant les coteaux.

On se renseignera sur le col le moins élevé par lequel devra passer la route, et qui en outre exigera, proportion gardée, moins de dépense. On pourra facilement exclure un certain nombre de cols de la chaîne, et le plus bas de tous est souvent celui qui correspond aux plus forts cours d'eau descendant, de celle-ci, en face l'un de l'autre. Les chemins de vidange déjà existants, les sentiers mêmes les plus fréquentés seront utiles aussi pour indiquer ce col.

Si, malgré tous ces renseignements, il reste encore des doutes, il faudra savoir, au juste, la différence de niveau des deux ou trois cols, entre lesquels on est encore indécis.

Pour faire ces nivellements le plus facilement possible, on suivra de préférence les anciens chemins et même les sentiers, en opérant à la boussole de nivellement.

Une fois qu'on aura déterminé le col par où devra passer la route, on le regardera comme un premier *point nécessaire*, duquel deux sections de la route devront partir sur chacun des versants de la chaîne.

De chaque côté, on ira reconnaître le terrain et voir, avant tout, s'il ne présente pas des difficultés d'exécution telles, que la dépense, qu'exigerait la route qu'on veut établir, ne dépasserait pas les bénéfices qu'elle doit produire.

Les montagnes présentent fréquemment des cantons, tellement hérissés de rochers, qu'il en serait ainsi, si l'on voulait y faire passer la route; d'autres fois, si l'on suivait la pente naturelle du terrain pour se guider dans le tracé, on viendrait heurter contre une roche dont l'extraction entraînerait à une dépense trop considérable, mais qu'on peut éviter, soit en passant au-dessous, soit en passant au-dessus d'elle. Le point supérieur ou inférieur devient alors aussi un point nécessaire.

Il en serait de même, si l'on rencontrait une propriété particulière *enclavée* dans la forêt. Si, sans rendre le tracé vicieux, on peut l'éviter, en passant au-dessus ou au-dessous, on ne doit pas hésiter. Cependant, à mesure que les chemins vicinaux des vallées se font meilleurs, les propriétaires de ces enclaves deviennent beaucoup plus traitables, parce qu'ils savent combien la continuité d'une bonne route, à partir de leur demeure jusqu'au centre de population voisin, leur est avantageuse.

Le passage des ruisseaux est aussi fort important à examiner. Quelquefois leurs rives présentent des points très-favorables pour ce passage; quand les bords en sont escarpés, et que les culées s'y trouvent toutes faites par la nature. Ces points peuvent même devenir des points nécessaires.

Les scieries domaniales, établies sur le territoire de la forêt, sont encore des points nécessaires. Leur position actuelle est souvent gênante pour l'ingénieur forestier, et il peut y avoir avantage à les reconstruire, plus bas dans la vallée.

Enfin, il faut faire souvent aussi passer la route par les anciennes sorties de la forêt, lesquelles doivent avoir lieu par des chemins bordés par des propriétés particulières.

Tout ce que nous venons de dire peut s'appliquer aussi bien à un des versants de la chaîne qu'à l'autre.

En définitive, le tracé total est ainsi, de chaque côté, décomposé en un certain nombre de tronçons, dont le premier, partant du col de passage, et dont les autres, touchant à tous les points nécessaires, viennent aboutir à la sortie de la forêt, pour, de là, déboucher sur une voie de vidange déjà existante.

La question se réduit donc à savoir joindre deux points nécessaires successifs par une route courbe, c'est-à-dire, à déterminer, entre ces deux points, un nombre convenable de points intermédiaires.

Pour cela, on fera d'abord un nivellement entre le point de départ et le point d'arrivée du tronçon supérieur.

Le nivellement aura lieu, en descendant et avec la boussole de nivellement, fixée à la pente qu'on jugera ne pas devoir dépasser, et l'on opèrera de préférence au printemps, avant la venue des feuilles.

La carte de l'état-major sera très-commode pour obtenir un premier renseignement sur la pente possible, d'après le développement du terrain entre les deux points, mesuré à l'échelle sur cette carte.

Le premier cheminement étant fait, sans rien abattre dans la forêt, on mesurera à la chaîne, et rapidement, le développement qu'offre le flanc du coteau; on divisera la différence de niveau des deux points par cette distance, et l'on aura la pente par mètre de la route du premier au second point.

Cela fait, et la boussole étant fixée à cette inclinaison, on fera placer, dans la direction de la route et sur le flanc du coteau, le porte-mire, lequel devra changer de position, jusqu'à ce que, le rayon visuel, passant par le centre de la lunette, vienne rencontrer la ligne de séparation des couleurs du voyant de la mire ; on aura ainsi un premier point du tracé.

On aura, de la même manière, les autres points jusqu'à l'avant-dernier, c'est-à-dire, celui que précède le point d'arrivée.

Alors il se présentera un des cas suivants :

1° Ou bien, on finira par tomber sensiblement sur le dernier point d'arrivée, et alors le tracé sera satisfaisant ;

2° Ou bien, on arrivera au-dessus de ce point. Correction de l'erreur. Triangle rectangle dont on calcule approximativement l'hypothénuse ;

3° Ou bien, on arrivera au-dessous. Correction de l'erreur. Triangle rectangle dont on calcule approximativement un des côtés.

On tiendra un calepin exact de toutes les opérations sur le terrain et des indications des natures de terres que l'on rencontre, du repeuplement, etc.

Cas où l'on est obligé d'établir un lacet. Disposition du terrain la plus convenable pour ces lacets.

Avec toutes les données prises sur le calepin, on pourra construire la projection horizontale de l'axe de la route et le profil en long.

Quant aux profils en travers, on les déduira de nivellement, pris en travers sur le terrain, aux divers points de station du profil en long.

De tout cela, on déduira enfin le plan-terrier.

On considèrera la route passant par un certain

nombre de points, comme composée de tronçons en ligne droite, et l'on calculera, d'après cela, les solides de déblai et de remblai.

Ce premier tracé devra, la plupart du temps, être modifié, c'est-à-dire qu'il y aura souvent avantage à transporter l'axe de la route, soit un peu plus à droite, soit un peu plus à gauche de la base, ainsi déterminée.

Afin de ne pas changer pour cela la pente moyenne par mètre, on pourra prendre une bande de papier, sur laquelle on marquera la longueur première de la route tracée sur le terrain à l'éclimètre.

On appliquera, sur le plan, les deux points extrêmes, marqués ainsi sur cette bande, à laquelle on fera prendre la position qu'on jugera la plus convenable pour la correction de la route; et avec la pointe d'un crayon, qu'on appuiera sur cette bande ainsi fixée, on tracera un nouvel axe de la route.

Sur cet axe, en prolongeant les bissectrices des angles formés par les portions du premier cheminement, on déterminera les points du tracé corrigé.

Soit p la pente de la route, p' celle du terrain, à partir du point du premier tracé au point correspondant du second, et c la cote rouge du premier point; la cote rouge C du point du nouveau tracé sera d', étant d'ailleurs la distance sur le deuxième tracé correspondante à d,

$$C = pd' \pm (c \mp p'd).$$

Il ne restera plus qu'à procéder aux divers autres tronçons de la même manière.

Aux tournants, on adoucit ordinairement la pente.

Si le terrain s'oppose à ce que la route ait un rayon de courbure convenable, on peut, au tournant, prolonger la route horizontalement, de manière à former un cul-de-sac assez long pour que les chariots chargés des plus grands bois, et leur attelage, puissent y être contenus.

Quand les chariots se seront avancés dans ce cul-de-sac, on dételera et on transportera l'attelage à l'avant-train arrêté au tournant et l'on continuera le transport en descendant.

Rédaction complète d'un projet de route.

1° *Plans.*

1° Plan-terrier; 2° profil en long; 3° profil en travers.

2° *Devis.*

1° Devis descriptif ou clauses et conditions générales; 2° avant-métré; 3° bordereau, analyse des prix; 4° détail estimatif; 5° cahier des charges.

TROISIÈME PARTIE.

CHAPITRE PREMIER.

DU FLOTTAGE.

§ Ier.

NOTICE SUR LE FLOTTAGE SUR L'YONNE ET SUR D'AUTRES RIVIÈRES OU RUISSEAUX.

La pratique du flottage remonte à la plus haute antiquité. La Bible, en effet, nous apprend que les cèdres qui servirent à la construction du temple de Jérusalem furent exportés, des forêts du Liban, par le moyen du flottage.

En France, un bourgeois de Paris, nommé Rouvet, fut le premier qui, en 1549, s'avisa de faire venir à Paris, par la Seine, des bois flottés du Morvan.

Pour ce flottage, les eaux des petites rivières au-dessus de Cravaut, ville située sur l'Yonne, étaient retenues par des barrages à portières, et là on rassemblait les bois, par trains, pour les faire descendre jusqu'à Paris.

Le commerce par eau, sur l'Yonne, date du temps des Romains, où les marchandises, venant du Midi et remontant la Saône jusqu'au confluent du Doubs, arrivaient par terre jusqu'à Auxerre, pour être transportées dans le Nord. Des règlements, faits pour protéger la navigation sur l'Yonne, réglaient la police des chemins de halage et des pertuis sur cette rivière. Ces derniers devaient avoir vingt-quatre pieds de largeur.

En 1549, ces portières existaient aux vannes des moulins. En les ouvrant, les eaux, étant lâchées au moment où on voulait flotter, augmentaient la hauteur du flot.

La pratique du flottage rencontra beaucoup d'opposition de la part des propriétaires riverains. Un arrêt du Conseil, en 1615, ordonna la fermeture des vannes avec des aiguilles de bois de sciage, de trois doigts en carré, qu'on devait ôter pour le passage des trains. Enfin, en 1669, parut l'ordonnance fondamentale sur la police des rivières.

Les propriétaires des vannes ayant négligé, à cette époque, l'entretien des pertuis, le Conseil d'Etat ordonna qu'on les détruisit tous, en 1720, et cette destruction amena un abaissement dans la hauteur moyenne des eaux qui, cependant, en 1778, donnaient encore, à l'étiage, 15 à 18 pouces d'eau de plus qu'aujourd'hui; attendu que les défrichements et les irrigations ont enlevé, depuis ce temps, une quantité d'eau notable à l'Yonne et à ses affluents.

Aussi, à chaque *éclusée* ou *lâchure* d'eau, la crue factice est bien encore assez forte jusqu'à Auxerre, attendu qu'il reste des vannes de barrage et d'étangs dans les parties supérieures du cours de l'Yonne; mais, au-dessous de cette ville, le flot s'abaisse tout de suite de $\frac{2}{3}$, après son passage à travers le dernier pertuis.

Quand les eaux sont basses, la navigation est nécessairement intermittente; on est obligé d'attendre que les eaux aient été de nouveau retenues en amont.

Une éclusée complète contient $2{,}500{,}000^{m.c.}{,}00$ d'eau.

La vitesse moyenne des eaux d'une éclusée, entre Armes et Montereau, est de $0^{m}{,}99$ par seconde.

Le nombre des éclusées, par année, est variable.

L'Yonne reçoit cinquante-six cours d'eaux affluents, et trente-un étangs y jettent leurs eaux à volonté; elle a 258 kilomètres de longueur entre sa source et son embouchure en Seine.

De Lachèze à Clamecy, la pente moyenne est de $0^{m}{,}0013$ par mètre; d'Armes à Auxerre, elle est de 0,00078 par mètre.

Les grandes eaux sont contraires au flottage. La hauteur du flot la plus facile pour la manœuvre est de $0^{m}{,}50$ à $1^{m}{,}00$.

Le flot d'une éclusée forme une saillie au-dessus du plan d'eau au-dessus duquel il passe; le revers d'aval est fort raide; il y a un plateau au milieu, et le revers d'amont est fort allongé.

Une éclusée *marinière* doit avoir au moins $0^m,50$ de hauteur, au-dessus des plus hauts graviers ; elle n'est navigable que pendant la moitié du temps de sa durée.

L'*affameur* résulte de la fermeture des pertuis, après une éclusée.

Sur le Beuvron, l'un des affluents, le flottage a lieu, en certains points, dans des auges de bois soutenues par des chevalets, aux flancs des coteaux.

Année commune, il descend, sur l'Yonne, plus de 4,000 trains dans lesquels entrent plus d'un million de stères, sans compter les bois transportés par bateaux.

Les trains de bois à brûler sont formés de deux *parts ;* chaque part contient neuf à dix *coupons;* chaque coupon est un carré de quatre longueurs de bûches de $1^m,14$; il porte à peu près un décastère.

Chaque coupon contient quatre *branches* et chaque branche six à sept *mises*. On appelle branche la quantité de bois de la longueur d'une bûche, maintenue entre des perches ou *chantiers* placés horizontalement et parallèles, unies d'ailleurs entre elles par des *harts* ou *rouettes*. Il y a quatre *chantiers* par branches, et les quatre branches d'un coupon sont reliées entre elles par cinq chantiers en travers. Une *mise* est la quantité de bois comprise entre deux rangées de *harts*.

Les coupons sont unis entre eux par de courts chantiers dits *régipeaux*.

Le canal de Bourgogne amène, sur l'Yonne, des trains de 30 mètres de long. Il faut six radeaux pour faire un *couplage* qui a environ 200 mètres de longueur.

Deux hommes conduisent un train et même un couplage; ils prennent un aide dans les grandes eaux.

Les trains de bois de charpente et de planches se composent de radeaux qu'on nomme *brêles*. Un couplage contient jusqu'à six brêles, mais plus ordinairement deux ou quatre.

Pour compléter le système de flottage sur l'Yonne, on est en train d'établir de vastes réservoirs sur cette rivière et sur ses affluents pour y retenir les eaux surabondantes de l'hiver et des orages, et l'on construit des barrages mobiles entre Auxerre et Montereau; tandis que d'autres barrages fixes seront placés au-dessus des rivières de quelque importance qui se jettent dans l'Yonne.

Dans les petits affluents, les bois de feu se flottent d'abord à bûches perdues, jusqu'à un port flottable sur l'Yonne.

Quant aux bois de constructions, ils s'y flottent par petits trains, par simples coupons ou même à tronces perdues. Sur la Murg, dans le pays de Bade, on flotte à tronces perdues en très-grande quantité à la fois. On fait façonner les bois à la forêt, en saison convenable, et on les laisse sécher sur la feuille; après cela, et par un temps sec, on les voiture jusqu'au cours d'eau flottable à bûches perdues. Il faut qu'ils soient assez secs pour nager sur l'eau ; sans cela, ils seraient *fondriers* ou *canards*.

Les bois sont jetés à l'eau ; des ouvriers accompagnent le flot, pour pousser en avant les bois qui restent en chemin, arrêtés sur les bords des cours d'eau ou sur les graviers. On barre le cours d'eau à son embouchure et on retire les bois qu'on laisse sécher, s'ils ont conservé leur écorce ; et, s'ils sont amenés à Paris par bateau, on dit qu'ils sont *demi-flottés ;* mais, le plus souvent, on les réunit en train pour être flottés.

Les flottes étant arrivées à leur destination, on les *débacle,* c'est-à-dire, on coupe les *croupières,* pour diviser le train en branches.

Ensuite, on tire les bûches à terre, c'est-à-dire, on *débarde* ; enfin, on *empile.*

Quant aux bois de charpente, on en construit d'abord de faibles trains sur les rivières ; on réunit ensuite plusieurs de ces trains ensemble sur les grands fleuves, de manière à en former des flottes considérables. Sur le Rhin, elles ont jusqu'à 330 mètres de longueur et contiennent 18 à 19 milles mètres cubes.

Les bois de feu sont détériorés par le flottage.

D'abord, avant de les réunir en grands trains, il faut les laisser sécher quelquefois six mois en tout ; quelquefois aussi, leurs fentes se sont remplies de gravier, et, le plus souvent, ils ont perdu leur écorce. Il faut ensuite les laisser sécher six mois sur le chantier à Paris.

Quand le flottage dure peu, la dépréciation de la qualité des bois s'estime de 3 à 5 p. %. Pour ceux qui arrivent à Paris, on l'estime à 10 p. %, tout compris.

Quant aux bois de construction, somme toute, quand ils sont bien rangés en chantier, après le flottage, ils sont moins sujets à la pourriture et travaillent moins, mais ils perdent un peu de leur force.

§ II.

CONDITIONS NÉCESSAIRES POUR QU'UN COURS D'EAU SOIT FLOTTABLE.

Une rivière est dite *flottable*, quand les trains peuvent y trouver un débouché suffisant, assez d'eau dans le lit naturel ou avec le secours de retenues faites dans des bassins ou *biefs*, ou enfin quand, avec l'eau de cette rivière, on alimente un canal latéral qu'on lui substitue sur certains points de son cours.

La largeur *minima* d'un cours d'eau flottable est généralement $4^{m},00$ et sa hauteur d'eau, au-dessus des plus hauts graviers, $0^{m},50$. En pays de montagnes, on flotte quelquefois, sur des ruisseaux plus étroits, des trains qui n'ont que $2^{m},60$, $2^{m},00$ et même $1^m,80$ de largeur. On flotte aussi à tronces perdues.

Pour organiser le flottage de l'Yonne jusqu'à Paris, il a fallu de grands et coûteux travaux, dans les lits des cours d'eau, aujourd'hui débarrassés des roches et autres obstacles qui les encombraient. On peut classer ainsi ces obstacles :

1° La trop grande quantité de gros graviers ou de roches qui encombrent le lit;

2° La trop faible hauteur d'eau;

3° Les courbures trop prononcées des rives;

4° Les usines et les travaux d'art disposés sur le cours d'eau.

Dans le premier cas, si les graviers ont peu de volume, on peut les ranger sur les bords et dans les anfractuosités que présentent les rives. Ils sont ainsi utilement employés à la régularisation de ces rives.

Quand ces graviers augmentent de volume et sont des roches difficiles à remuer, on les casse à la poudre ou de toute autre manière, et on s'en sert, soit pour soutenir le rivage, soit à d'autres travaux. Le mètre cube de murs construits de cette façon ne dépasse pas 10 à 12 fr.

Quand on débarrasse ainsi le lit d'un ruisseau, la vitesse de l'eau est nécessairement augmentée et par suite le flot s'abaisse, et il peut fréquemment alors ne plus offrir les $0^m,50$ de hauteur nécessaires au flottage.

Les adjudicataires des Vosges, qui veulent flotter sur de pareils cours d'eau, établissent, chaque année, dans les lits de ces derniers, et de distance en distance, de petits barrages avec des amas de gros graviers, au milieu desquels ils laissent une ouverture assez grande pour le passage des trains; ou bien encore, avec des graviers placés sur des branches de sapin; ou, enfin, avec des planches de rebut retenues par de gros cailloux et que les flotteurs enlèvent, au fur et à mesure, un peu avant l'arrivée des trains.

Ces moyens, qui sont l'enfance de l'art, sont remplacés, dans certains cours d'eau, comme la *Plaine,* le *Rabodeau,* le ruisseau de *Ravines,* etc., par des barrages en charpente ou en pierre, munis de portières, au moyen desquelles les eaux d'un bief supérieur peuvent venir s'ajouter à celle d'un inférieur.

Quand les courbures des rives sont trop prononcées, les grands bois ne peuvent souvent pas y passer. Le moyen le plus simple est alors de couper au court, en substituant un canal à peu près droit au lit naturel; mais, dans ce cas, la vitesse de l'eau augmentant, le flot s'abaisse, et il faut le soutenir par un ou plusieurs barrages.

Enfin, si des usines existent sur un cours d'eau, les flotteurs sont obligés de leur payer une indemnité dont la quotité est fixée par le préfet du département.

CHAPITRE II.

DÉTERMINATION DE LA VITESSE MOYENNE DE L'EAU DANS UN COURS D'EAU, DONT LA DÉPENSE, LA SECTION MOYENNE ET LA PENTE SONT CONNUES.

L'utilité incontestable du flottage fait concevoir combien il serait important qu'il fut organisé dans un grand nombre de localités forestières ; dans les parties des Vosges, par exemple, où l'on vend mal les bois de charpente, parce qu'on ne peut les exporter au loin sur des chariots. En effet, l'expérience prouve que ces bois, vu les frais de transports, ne peuvent être chariés au-delà d'un certain rayon fort restreint. Souvent même le défaut de flottage force les forestiers à ne pas atteindre le chiffre de la possibilité des forêts qu'ils ont à administrer, et à laisser ainsi dépérir les bois sur pied. Il y a aussi des cas où, par les mêmes motifs, l'administration n'autorise plus les *éclaircies,* cette pratique qui augmente cependant, quand on peut l'exécuter, les produits et la prospérité de la forêt d'une manière si remarquable.

Les grands-maîtres des eaux et forêts étaient autrefois chargés de la police et de l'administration des cours d'eau. Aujourd'hui, l'administration forestière ne peut plus organiser le flottage que dans les parties des vallées forestières qui lui appartiennent ; le régime des eaux inférieures étant à présent sous la direction des ingénieurs hydrauliques départementaux. Tout ce qu'elle peut donc faire, dans l'intérêt de l'exportation des produits de ses bois, c'est d'organiser le flottage sur son propre terrain, si toutefois les cours d'eau sur lesquels elle veut opérer viennent, à l'extrémité du territoire forestier, aboutir sur un ruisseau ou une rivière flottable ; à moins que l'administration des ponts et chaussées ne lui vienne en aide pour compléter la flottabilité par des travaux exécutés sur cette rivière.

Quant à ceux à entreprendre sur les ruisseaux forestiers, le résultat qu'il s'agit généralement d'obtenir, quand le lit du ruisseau, débarrassé des roches qui l'encombraient, ayant $4^{m},00$ de largeur, n'a pas $0^{m},50$ de profondeur, c'est de lui procurer cette hauteur de flot par des barrages, au moyen desquels, on puisse, en lâchant en temps opportun les eaux ainsi retenues, causer des crues factices, ou éclusées qui fournissent la hauteur de flot nécessaire au flottage.

Les ruisseaux forestiers occupent, la plupart du temps, la partie supérieure des vallées ; ils ont donc fréquemment une pente rapide, et la vitesse de leurs eaux déjà considérable, malgré les roches et les galets qui les encombrent, ne pourra qu'augmenter encore, quand leurs lits en auront été débarrassés.

Or, il résulte des expériences dues à M. Bidone, ingénieur piémontais, que les travaux d'arts que l'on exécute sur les cours d'eau courent de temps en temps, s'ils n'ont pas une très-grande solidité, la chance d'être emportés par des crues subites qui, amenant tout à coup des masses d'eau contre ces ouvrages, ont des effets destructeurs dus à l'effort du *premier choc*, jusqu'à trois fois plus énergiques que ceux qu'indiqueraient la théorie, pour une pression constante d'une même quantité d'eau animée de la même vitesse.

Il résulte déjà de tout cela, qu'il faut, autant que possible, diminuer la hauteur des barrages et en augmenter le nombre.

La question qui se présente naturellement ici, c'est de chercher à déterminer quel devrait être ce nombre de barrages et leur hauteur à chacun d'eux, pour que la hauteur du flot, sur un ruisseau de $4^{m},00$ de largeur, s'élevât à $0^{m},50$ sur ces barrages, au-dessus desquels doivent passer les flottes.

On dit qu'un cours d'eau est *régulier* et que sa vitesse est *uniforme*, sur une certaine longueur observée : quand il a la même section, la même pente et la même quantité d'eau, c'est-à-dire, quand sa vitesse et sa dépense restent les mêmes sur cette longueur. C'est le cas d'un canal à pente régulière et à sections égales.

Si, entre deux affluents, un cours d'eau, sans conserver la même section ni la même pente sur toute la longueur observée, débite cependant, d'un bout à l'autre, la même quantité d'eau, on dit qu'il est *permanent*.

Enfin si, sur une même longueur, la section, la pente et le débit varient, le cours d'eau est *irrégulier*.

Supposons qu'il s'agisse ici d'une portion d'un cours d'eau sensiblement régulier et que l'on veut rendre flottable.

Si ce ruisseau était modifié, de manière à avoir la hauteur de flot nécessaire au flottage, il faudrait que la section fut ainsi augmentée ; et comme la dépense reste constante et qu'elle est égale au produit de la section par la vitesse, il en résulte qu'il faudrait que la vitesse fût diminuée. C'est ce à quoi on peut évidemment parvenir, en décomposant, par des barrages, la longueur du ruisseau en biefs successifs, dans lesquels la pente serait abaissée.

Nous sommes donc conduit tout naturellement à chercher à déterminer la section d'un cours d'eau. Quant à la pente à la surface, on l'obtient par un nivellement.

Pour obtenir cette section, il suffit de tenir un cordeau ou une longue perche horizontalement au-dessus de la surface de l'eau et perpendiculairement à l'axe du ruisseau, et d'enfoncer, de mètre en mètre, d'une rive à l'autre, et verticalement une autre perche, jusqu'à ce qu'elle touche chaque fois le fond; en ayant soin de la poser, la première et la dernière fois, tout à fait au bord de l'eau. *Fig.* 18.

On additionnera, l'une après l'autre, toutes les hauteurs mouillées de cette perche, et l'on aura la section en mètres carrés. La ligne *a b c d e f g h i k* est ce qu'on nomme le *périmètre mouillé.*

L'on conçoit, *à priori*, qu'il doit exister une relation entre la section, la pente et la vitesse d'un cours d'eau. La forme de cette relation, longtemps cherchée, a été trouvée par un ingénieur français, de Chézy, d'après les considérations suivantes :

Les molécules aqueuses éprouvent une résistance incontestable de la part du fond et des rives du cours d'eau.

L'ingénieur prussien Eythelwein l'a prouvé par une expérience fort simple :

Car, en 100'', un tuyau de $0^{m},63$ a donné $0^{m.c.}148$ d'eau, et, avec une longueur double $1^{m},26$, il a fallu 117'', pour obtenir le même volume.

Dubuat a prouvé, en outre, par des expériences, que, soit que l'eau coulât sur du verre, du plomb, de l'étain, du fer, du bois et diverses terres, et quelque fût la hauteur d'eau, la résistance du lit était la même.

Enfin, les molécules de l'eau sont douées d'une viscosité qui les fait adhérer entre elles et avec les corps ambiants, et cette adhérence a été mesurée par Dubuat, qui a trouvé que, pour détacher des plaques de fer blanc de la surface d'une eau tranquille avec laquelle elles étaient en contact, il fallait, abstraction faite du poids de ces plaques, un effort de 4$^{\text{kil.}}$,70 par mètre carré de leur surface.

Venturi a d'ailleurs prouvé que cette adhérence rend les molécules d'un fluide en mouvement capables d'entraîner d'autres molécules contiguës et en repos. *Fig.* 19. En effet, le jet GO sortant du réservoir supérieur en K entraîne, avec lui, une portion notable du réservoir inférieur HDE et y fait abaisser le niveau jusqu'en HI.

L'expérience prouve encore, d'une manière incontestable, que l'eau d'une rivière coule plus vite à la surface qu'au fond.

Cela posé, il est évident, d'après ce que nous venons de dire, que :

1° La résistance R du lit sera en raison directe du périmètre mouillé p ;

2° Si l'on conçoit une section du ruisseau par un plan vertical et perpendiculaire à l'axe de ce ruisseau ; les molécules supérieures entraîneront les inférieures, en vertu de la viscosité du liquide ; donc, plus il y aura de molécules supérieures au périmètre mouillé, c'est-à-dire, plus la section S sera grande, plus s'atténuera l'action de la force retardatrice R ; donc R est en raison inverse de la section S ;

3° La résistance du lit se fera sentir sur chaque section verticale, pareille à la précédente, et qui passera sur le lit; donc plus, dans l'unité de temps, passeront de sections semblables, sur un point du lit, et plus il y aura de molécules liquides retardées; donc la force retardatrice R sera en raison directe de la vitesse v.

Mais, en outre, comme avec une vitesse plus grande, il faudra, dans l'unité de temps, que, dans les couches superposées, un plus grand nombre de molécules supérieures se séparent de leurs inférieures et soient ralenties, c'est-à-dire que, sous ce rapport, la force retardatrice R soit encore proportionnelle à la vitesse, en somme, cette force sera comme le carré de la vitesse v.

Si donc a réprésente un coefficient constant, déterminable par l'expérience, on pourra poser :

$$R = av^2 \frac{p}{S}.$$

Puisque l'eau qui marche dans un cours d'eau quelconque est soumise à une force retardatrice; comment se fait-il donc que, dans les rivières, les eaux ne finissent pas par s'arrêter ?

C'est que, d'autre part, elles sont soumises, dans leur lit en pente, à une force accélératrice, qui n'est autre chose que l'action de la gravité et dont l'effet se fait d'autant plus sentir que la différence de niveau, pour une distance donnée, est plus grande. Cette force accélératrice est donc une fonction de cette différence que j'appellerai H, et on pourra la représenter par $a'H$, a' étant aussi un coefficient constant.

Or, l'expérience prouve que, quand sur une certaine longueur de cours d'eau, il y a à peu près le même lit, la même pente et la même quantité d'eau qu'on lance d'un réservoir supérieur, il arrive qu'au bout d'un temps très-court, les eaux acquièrent une vitesse uniforme, c'est-à-dire que l'accélération est égale à la force retardatrice. C'est ce que Bossut a reconnu, dans un canal en bois de 200 mètres de longueur, et qui offrait une pente de $0^m,10$ par mètre. Cette longueur, étant divisée en portions de 33 mètres, il a constaté, en effet, que chacune d'elle était parcourue, la première excepté, avec la même vitesse.

D'après l'égalité des deux forces antagonistes, on peut donc poser :

$$a'H = av^2 \frac{P}{S}$$

D'où $v = \sqrt{\frac{a'}{a}} \sqrt{H \frac{S}{p}}$; et comme $\sqrt{\frac{a'}{a}}$ est constant, si on représente par C, cette quantité, on a

$$v = C \sqrt{H \frac{S}{p}}. \quad (1)$$

Le physicien français Dubuat a appelé *rayon moyen*, le rapport de la surface au périmètre mouillé. L'académicien de Berlin, M. Eythelwein, l'appelle *moyenne hauteur hydraulique*. Il la nomme ainsi, parce que, si le périmètre mouillé était rabattu sur l'horizontale, et si on élevait deux obstacles à l'eau à l'extrémité de ce rabattement, celle-ci prendrait une certaine hauteur qui serait égale à $\frac{S}{p}$; car on aurait (*Fig.* 20)

$$a'K \times a'd' = S \text{ ; d'où } a'K = \frac{S}{a'd'} = \frac{S}{p}.$$

Nous adopterons cette détermination.

M. Eythelwein, à la suite de six cents expériences sur des cours d'eau divers, à partir des plus petits ruisseaux jusqu'aux plus grands fleuves, comme le Danube, a trouvé que H devait être prise égale à la hauteur de chute correspondante à une longueur de deux mille anglais, ou 3218^{m}62, en supposant que le lit y est à peu près régulier et la masse des eaux constante; en outre, le coëfficient C a été fixé par lui à 0,9, de sorte que l'équation (1) devient, pour la vitesse moyenne,

$$v = 0{,}9\sqrt{H.R} \quad (2)$$

qui peut être mise sous la forme

$$v = 0{,}9\sqrt{H\frac{lh}{l+2h}}, \quad (3)$$

si on appelle l, la largeur de la section et h sa hauteur moyenne.

Le même savant estime que la vitesse à la surface est sensiblement égale à $\sqrt{H.R.}$

Exemples :

1° Canal anglais sur lequel Vatt a trouvé $l = 5{,}49$, 2^m,13 au fond, 1^m,22 de hauteur d'eau, une vitesse moyenne de $0^m,3415$, la chute pour deux mille anglais étant $0^m,20$.

La formule d'Eythelwein donne $v = 0,9 \sqrt{0,1480} = 0^m,342$.

2° Fleuve du Pô, pour lequel on a $H = 1$ pied, avec une profondeur moyenne hydraulique égale à 29, la vitesse observée est $0^m,35$. La formule indique $0^m,38$.

3° Le Gange, à cinq cent mille de son embouchure, a une moyenne profondeur hydraulique de 30 pieds et $H = \frac{2}{5}$ de pied. La formule donne $4^m,47$. La valeur fournie par l'expérience du major Rennel est tout près de ce chiffre.

Cette formule est particulièrement applicable aux canaux dont les bords ont une inclinaison de $1 \frac{1}{2}$ sur 1.

M. de Prony avait donné auparavant une formule de la vitesse d'après dix-sept expériences. M. Eythelwein a repris cette formule, et, après quatre-vingt-onze expériences sur des cours d'eau dont la vitesse a varié de $0^m,124$ à $2^m,42$, et la section fluide de $0^{m.c.},04$ à $2604^{m.c.},00$, a affecté, à cette formule, les coefficients indiqués dans la relation

$$v = -0,332 + \sqrt{2756\ R.I\ I - 0,0011.} \quad (4)$$

R étant le rayon moyen de Dubuat et I la pente par mètre.

Elle donne des résultats qui s'accordent très-bien avec ceux de la relation (2).

CHAPITRE III.

DÉTERMINATION DE LA VITESSE QU'UN COURS D'EAU SAUVAGE ACQUERRA, APRÈS AVOIR ÉTÉ DÉBARRASSÉ DES OBSTACLES QUI L'ENCOMBRENT.

Au moyen de la relation précédente, quand on aura mesuré la section moyenne et la hauteur de chute pour $3218^m,62$, dans un ruisseau à régime permanent et dont le lit n'est point encombré, ni par de gros galets, ni par des roches, ni par de grandes herbes, on pourra calculer immédiatement la vitesse moyenne de ce cours d'eau.

Mais s'il s'agit d'un cours d'eau encombré, on conçoit que la vitesse actuelle sera modifiée, aussitôt que les obstacles qui diminuent la vitesse seront enlevés; et alors la vitesse s'étant accrue, le flot se sera abaissé; si bien qu'un ruissseau qui, encore à l'état sauvage, aurait présenté $0^m,50$ de hauteur d'eau, pourrait bien ne plus les avoir, et, par conséquent, ne pas être flottable.

Or, si nous connaissions la première vitesse v des eaux, dans le ruisseau embarrassé d'obstacles, et S la section moyenne, la dépense serait vS. Si ensuite nous appelons v' la vitesse du ruisseau nettoyé, et S' la section, nous pourrions poser :

$$vS = v'S'.$$

Sachant d'ailleurs que $S = lh$ et que si h' représente la nouvelle hauteur du flot, $S' = lh'$, l restant la même; et qu'enfin

$$v' = 0,09 \sqrt{H \frac{lh'}{l + 2h'}}$$

l'équation de la question sera donc :

$$vlh = lh' \times 0,9 \sqrt{H \frac{lh'}{l + 2h'}};$$

$$\text{d'où} \quad h'^3 - \frac{2v^2h^2}{0,81\,Hl} h' = \frac{v^2h^2}{0,81\,H}. \quad (5)$$

Si donc on avait pu se procurer la première vitesse v, cette équation nous donnerait la nouvelle hauteur h', et, par suite, la nouvelle vitesse v'.

Pour résoudre facilement, dans la pratique, cette équation, on supposera d'abord nul le deuxième terme, et, par une simple extraction de racine cubique, on aura une première valeur évidemment trop grande. On l'augmentera successivement, et, après un petit nombre d'essais, on arrivera à une valeur dont l'exactitude sera suffisante dans une question de ce genre.

Mais tout cela suppose que l'on ait déterminé préalablement la vitesse primitive v et la hauteur h.

Dans la pratique ordinaire, beaucoup d'ingénieurs estiment qu'on peut, si on la désigne par v, regarder comme suffisamment exacte la relation :

Suivant Prony :

$$v = \frac{(V + 2,37)}{V + 3,15};$$

Suivant l'ingénieur Baumgarten :

$$V = 0,800\ V \frac{(V + 2,37187)}{V + 3,15512},$$

pour les valeurs de V au-dessus de $1^m,30$.

V représentant la vitesse superficielle au plus fort du courant.

Quant à cette vitesse superficielle V, on emploie plusieurs moyens pour se la procurer; mais celui qui, somme toute, est le plus facile et le plus sûr, selon beaucoup d'ingénieurs, consiste à jeter, au plus fort du fil de l'eau, en amont et à une certaine distance de la section, des flotteurs qu'on suit avec un bon compteur, jusqu'à une autre certaine distance en aval. Dans l'usage ordinaire, on se sert de morceaux plats de bois de chêne, ou autres corps de pesanteur spécifique, presqu'égale à celle de l'eau, et l'on tient compte du nombre de secondes qu'ils mettent à parcourir la distance préalablement mesurée en amont et en aval. Lorsqu'on veut plus d'exactitude, on fait usage de boules creuses de fer blanc ou de cuivre, ou même d'une simple fiole qu'on leste avec de la grenaille de plomb, de manière que ces corps s'enfoncent presque en entier dans l'eau. On les place sur le plus fort du courant et assez en amont du point où l'on commence à compter le nombre de secondes dans lequel est parcouru l'espace mesuré, pour qu'en y arrivant, ils aient complétement acquis la vitesse du fluide où ils nagent. De cette manière et en répétant deux ou trois fois l'opération, on peut espérer avoir la vitesse du filet qui marche le plus vite.

Les expériences qui ont donné la vitesse v en fonction de V, exécutées sur de petits canaux, paraissent assez bien vérifiées par d'autres essais faits sur de plus grands cours d'eau.

La table qui suit donne un certain nombre de vitesses déduites directement par l'expérience.

$V = 0^m,10$; 0,50; 1,00; 1,50; 2,00; 2,50; 3,00; 3,50; 4,00
$r = 0^m,760$; 0,786; 0,812; 0,832; 0,848; 0,862; 0,873; 0,883; 0,898

r étant le rapport de la vitesse moyenne à la vitesse V à la surface.

On voit que jusqu'à $V = 1^m,50$, on peut prendre $v = 0,8\,V$.

Il faut insister pour que les flotteurs ne puissent pas s'élever sensiblement au-dessus de la surface du fluide; autrement leur direction ainsi que leur vitesse seraient influencées par le vent et par la résistance de l'air. De plus, s'ils étaient trop saillants et que la pente fût considérable, il leur arriverait ce que l'on voit pour des corps placés sur des plans inclinés; leur vitesse s'accélérerait jusqu'à ce qu'elle fût réduite à l'uniformité par la résistance du plan, et comme ce plan se mouvrait en outre lui-même, si leur vitesse absolue était plus grande que la sienne, celle qu'indiqueraient les flotteurs serait supérieure à la vitesse de la surface du courant.

La formule précédente ne donne, on le conçoit bien, qu'une approximation. Quand il s'agira d'un petit cours d'eau, on pourra souvent obtenir cette vitesse en jaugeant directement la dépense ; il suffira, pour cela, d'établir un barrage provisoire en terre qui détourne le ruisseau, et, au-dessous de ce barrage, de disposer dans le lit naturel, et avec quelques planches, un bassin rectangulaire à fond horizontal et dont la capacité sera facilement appréciée. On le rendra étanche avec de la terre et des mottes de gazon posées contre ses trois côtés en planches ; ensuite, en bouchant le petit canal et en faisant passer l'eau par-dessus le déversoir, on la fera arriver dans le bassin et l'on comptera le nombre de secondes employées à le remplir. En divisant le nombre de mètres cubes contenus dans ce bassin par le temps, on aura la vitesse moyenne du ruisseau par seconde.

Cette méthode est fort convenable pour les petits cours d'eau, dans lesquels, souvent, les irrégularités du fond entraînent dans la mesure de la section à des erreurs, qui deviennent sensibles quand la dépense est petite.

Lorsqu'on ne peut pas l'employer, on peut encore établir un barrage provisoire sur le ruisseau, au moyen d'un madrier, aux extrémités duquel on cloue deux morceaux de planches perpendiculaires à sa longueur (*Fig.* 21).

On bouche bien les à-côtés avec du gazon et de la

mousse. Le niveau de l'eau s'élève au-dessus de la planche, et, en mesurant la hauteur de la section *abcd*, et en la multipliant par la largeur *ab*, on aura la section; de sorte que si on mesure la vitesse en amont au moyen d'un flotteur, on pourra encore en déduire la dépense.

Mais il faut bien faire attention que ce n'est pas directement au-dessus de la planche *ab* qu'il faut mesurer la hauteur de la lame d'eau; car, à $1^{m},00$ environ de cette planche, une petite dépression vers le déversoir se manifeste dans la lame fluide, et par conséquent c'est un peu plus haut qu'il faut mesurer cette lame. Il suffira, pour cela, de mener au-dessus de l'arête *ab* une ligne tangente à la surface de l'eau, avant que celle-ci ne s'abaisse.

On peut encore avoir à peu de chose près cette hauteur, lorsque le déversoir n'a pas toute la largeur du cours d'eau, si l'on remarque qu'aux points *c* et *d*, la lame s'élève un peu contre les deux planches verticales de la paroi. Or l'expérience prouve que cette hauteur est à peu près celle de la lame d'eau au-delà du déversoir.

CHAPITRE IV.

DE LA MANIÈRE DE RENDRE FLOTTABLE UN COURS D'EAU QUI A AU MOINS $4^m,00$ DE LARGEUR, MAIS DONT LA HAUTEUR DE FLOT N'ATTEINT PAS $0^m,50$.

§ Ier.

DÉTERMINATION DE LA HAUTEUR ET DU NOMBRE DES BARRAGES NÉCESSAIRES POUR RENDRE UN RUISSEAU FLOTTABLE.

Soit un ruisseau d'une longueur L, d'une largeur de $4^m,00$, ou plus grande, et qui ne fournit pas un flot de $0^m,50$ de hauteur, mais conserve un état permanent sur toute la longueur L.

Il se présentera deux cas :

Ou ce ruisseau sera débarrassé de tout obstacle qui pourrait encombrer son lit, ou bien il sera encore à l'état sauvage.

Dans le premier cas, on aura directement la vitesse actuelle des eaux.

Si c'est le second cas qui se présente : après avoir déterminé, par des expériences, la section, la pente et la vitesse moyennes, on en déduira, comme tout à l'heure, la hauteur à laquelle s'abaisseront les eaux, quand le lit sera débarrassé, et la vitesse quelles auront acquises. Soit v cette vitesse on posera :

$$v = 0,9 \sqrt{H . R.} \quad (1) \quad R = \frac{lh}{l + 2h},$$

h étant la hauteur du ruisseau nettoyé.

Or, pour faire élever le flot, il faut que, la dépense restant la même, ainsi que la largeur du lit, la section qui est un des deux facteurs de la dépense, augmente et devienne $0,50 \times l$ ou $\frac{l}{2}$; cela exige que le second facteur de cette dépense diminue, et par conséquent la vitesse; et c'est ce qui arrivera si H s'abaisse. Soit v' cette vitesse et H' la nouvelle chute pour $3218^{m},62$, on pourra poser :

$$v' = 0,9 \sqrt{H' R'} \quad \text{et} \quad R' = \frac{l}{2(l + 1)};$$

et comme $\quad vs = v' S'$,

il s'ensuit $\quad S \sqrt{H R} = S' \sqrt{H' R'}$

et $\quad H' = \frac{S^2}{S'^2} \cdot \frac{R}{R'} \cdot H.$

Donc, si la pente du ruisseau était convenablement modifiée par un barrage placé à l'extrémité de L, la nouvelle pente serait :

$$\frac{H'}{3218,62} = 0,00031 \frac{S^2}{S'^2} \cdot \frac{R}{R'} \text{ H.}$$

et la chute totale pour L mètres :

$$0,00031 \frac{S^2}{S'^2} \cdot \frac{R}{R'} \text{ H L.}$$

Mais cette chute était primitivement 0,00031 HL; donc la différence entre les deux chutes indiquera (*Fig.* 22) la hauteur d'un barrage construit à l'extrémité inférieure de la partie L du ruisseau, au moyen duquel la hauteur du flot devra s'élever à $0^m,50$ sur $4^m,00$ de largeur.

Soit E cette différence, on aura :

$$E = 0,00031\ HL \left\{ l - \frac{S^2}{S'^2} \cdot \frac{R}{R'} \right\} \quad (2)$$

Il y a lieu de remarquer que cette expression de l est proportionnelle à L, quelle que soit cette longueur; de sorte qu'elle s'applique aussi bien à $1/_{10}$ de L qu'à cette quantité entière; et l'on en conclut que dix petits barrages, d'une hauteur égale à $1/_{10}$ de E, feraient le même effet qu'un seul haut barrage à l'extrémité de la partie du ruisseau qu'on veut rendre flottable. Or, nous avons déjà dit que, vu les ravages, dus fréquemment aux grandes eaux et surtout aux crues subites, il y avait beaucoup d'avantages à construire des barrages peu élevés. On pourra donc et on devra préférer cette dernière disposition.

Application de la formule E.

1° Soit $L = 4000^m,00$, $S = 0^{m.q.},6$, $H = 6,44$; $R = 0^m,139$, $v = 0^m,846$:

On a $S' = 2^{m\ q.},00$, $R' = 0^m.4$, et $H' = 0^m,2$.

d'où $E = 7^m,73$, $v' = 0^m,253$.

Vérification : $v' = V \frac{S}{S'}$.

2° Rivière de la Plaine (Vosges), dont la pente est $0^m,002$ par mètre.

$$S = 1^{m.q.},25,\ R = 0,227,\ H = 3^m,218;\ R' = 0,416.$$
$$E = 6^m,80.$$

3° Il y a un assez grand nombre de ruisseaux, sur lesquels on flotte à moins de $4^m,00$ de largeur.

Soit le petit ruisseau pour lequel on aurait :

$L = 3000^m$, $l = 3^m,00$, $h = 0,20$, la pente I étant $0^m,003$ par mètre :

$H = 9,66$, $S = 0,6$, $R = 0^m,176$; $S' = 1^m,50$, $R' = 0^m,375$;

On trouve $E = 8^m,98$; $v' = 1^m,17$.

Il résulte de tout cela que la formule donne, pour la hauteur E d'un barrage, une quantité telle que l'inclinaison de la surface du ruisseau modifié se rapproche beaucoup de l'horizontale, de telle sorte que, dans la pratique, on peut tout simplement établir les barrages partiels, de manière que la pente soit nulle dans chacun des biefs que subdiviserait la longueur L.

La forme que les eaux, retenues par un barrage, affectent en amont, est une surface courbe qui varie selon les cas. Dubuat a appelé cet effet *remou*.

Si la pente est faible, la surface courbe est concave.

Si la pente est forte, la surface de l'eau amoncelée est convexe, avec pente très-rapide à son extrémité en aval.

Dans le premier cas, le remou se fait sentir à une distance du barrage égale à environ deux fois et demie la longueur de l'horizontale, qui, partant du seuil de ce barrage, vient rencontrer le lit en amont.

Dans le second cas, le remou s'étend beaucoup moins haut.

Le fait qui résulte immédiatement de la construction de barrages sur un ruisseau, c'est d'en élever le flot. Or, il importe d'examiner quel chiffre cette surélévation peut produire sur la largeur du lit.

C'est dans des vallées élevées que l'administration peut principalement avoir à organiser le flottage ; toutes les parties inférieures des cours d'eau étant confiées aux ingénieurs des ponts et chaussées. Or, dans ces parties hautes des ruisseaux, et près de leurs sources, les eaux coulent dans des plis bien marqués, pour se réunir dans le thalweg de ces vallées, et là, elles y creusent ordinairement un lit qui est encaissé et dont les rives ont une hauteur de plus de $0^m,50$; de telle sorte que, quand on dispose les choses de manière qu'il y ait une hauteur de flot d'un demi-mètre, on ne cause pas de débordement, c'est-à-dire que la largeur y reste sensiblement la même qu'auparavant.

Si, cependant, on faisait déborder la rivière sur les terrains voisins, il faudrait y remédier par de petites digues élevées sur les bords et dont le revêtement, du côté du ruisseau, se ferait avec les galets et les pierres qu'on aurait détournés du lit du ruisseau pour le débarrasser.

§ II.

DE LA CONSTRUCTION DES BARRAGES. — BARRAGES FIXES.

Quand un ingénieur veut barrer un cours d'eau, il doit étudier :

1° Le terrain sur lequel il veut l'asseoir, et en s'assurant de la résistance indispensable du lit. Dans les ruisseaux rapides, sur certaines portions desquels la roche est à nu, celle-ci peut servir de bonne fondation, pourvu qu'on unisse bien la maçonnerie du barrage avec le fond de roche. On entaille pour cela ce dernier, de manière que la maçonnerie ne puisse pas glisser; quelquefois ce même ban de roches se prolonge sur chacun des côtés de la rivière et peut servir de fondation pour les culées.

Les barrages naturels qui s'établissent par des amas de cailloux, à certains points de la rivière, et qui sont comme la conséquence de la forme du lit, de la masse des eaux et de leur vitesse, indiquent les endroits où il convient mieux de barrer la rivière. La direction de la barre naturelle pourrait être aussi la meilleure à donner à la digue artificielle.

Dans tous les cas, on fera bien de s'assurer de la nature des couches inférieures du terrain; car si, sous la couche extérieure du lit, se trouvait un terrain facile à affouiller, la vitesse du courant, étant augmentée en aval par le barrage, le terrain serait creusé plus ou moins profondément, et la construction ne tarderait pas à être enlevée. Si les couches du terrain sont horizontales, souvent il sera possible d'aller successivement les étudier à nu en aval.

L'ingénieur doit tenir compte de l'effet dû au premier choc dans les crues subites, où nous avons déjà dit que M. Bidone avait reconnu que cette force vive pourrait être presque triple de celle d'un courant continu de même volume et animé de la même vitesse.

Si l'on construit des digues en écharpe, sur le courant, le docteur Vince a prouvé, par des expériences, que la force normale résultant de la décomposition de celle du courant, est proportionnelle au sinus de l'angle d'incidence.

D'autres auteurs préfèrent établir leurs digues perpendiculaires au courant, en renforçant la digue qui est moins longue, et, somme toute, selon eux, moins coûteuse.

Dans tous les cas, la liaison de la digue aux berges doit être intime. Les opinions des ingénieurs sur le profil à donner aux digues diffèrent beaucoup :

1° Fréquemment on leur donne une épaisseur égale à trois fois leur hauteur, et leur surface supérieure s'incline à 20° vers l'aval (*Fig.* 23.)

L'inconvénient qui résulte de cette disposition, c'est que les eaux, lancées contre le lit, au bas de la digue, affouillent souvent profondément celui-ci (*Fig.* 24).

Effets des deux tourbillons à axes horizontaux qui se produisent ainsi au-dessous du barrage.

L'ingénieur Bertrand a adopté, pour le profil des barrages, une forme presque rectangulaire, affectant une légère inclinaison en amont, avec radier en aval (*Fig.* 25).

Mais, dans les grandes crues, la vague reprend l'inclinaison, à peu près à 20°, et produit les mêmes effets que dans les barrages inclinés (*Fig.* 26); il en résulte alors un très-fort tourbillon à axe horizontal, lequel attaque la digue et le radier. Exemple des dégâts de ce genre, causés par les grandes crues, sur la rivière d'Isle (Gironde), en 1825; à la cascade de Saint-Amé, et à beaucoup d'autres dans les Vosges, le rocher vertical, placé derrière la chute, a été fortement creusé par les grandes eaux.

Si l'on donne au déversoir une forme qui imite la courbe que prend la direction de l'eau, quand le cours d'eau n'est pas gonflé par les pluies, on gagne encore peu de chose à une pareille disposition, au moment des débordements (*Fig.* 27.)

Les tourbillons, à axes verticaux, exercent principalement leur action sur les rives. On en voit même creuser des roches, jusqu'à 2^m,00 de profondeur.

Dans tous les cas, les travaux des barrages et de leurs radiers doivent être commencés au printemps, afin qu'aux grandes pluies de l'équinoxe et de l'automne, la prise du mortier soit assez forte pour résister à l'action des eaux.

Pour diminuer les ravages des tourbillons à axes horizontaux, qui sont les plus dangereux, on devra remplacer, autant que possible, un barrage élevé, par plusieurs autres, de manière à décomposer la chute en gradins successifs. Cette forme est souvent adoptée dans les barrages de la Forêt noire. Il y a parfois avantage à construire en bois ces barrages, ou au moins leurs radiers. Il arrive même que ces barrages sont successivement portés à différentes places. (Voir le modèle en relief.)

On ne doit jamais donner plus de 3^{m},00 de hauteur à un barrage, et les ingénieurs préfèrent substituer, à une pareille construction, trois barrages de 1^{m},00. Les crues périodiques très-fortes, qui reviennent, en France, environ tous les cent ans, nécessitent toutes les précautions possibles pour que ces travaux puissent leur résister. Nous pensons même que, dans un grand nombre de cas, il est convenable, pour la facilité du flottage en même temps que pour la solidité des barrages, de ne pas faire dépasser à ceux-ci 0^{m},50 à 0^{m},60.

Il reste encore, dans quelques parties des Vosges, des travaux exécutés, il y a déjà longtemps, pour rendre le flottage praticable sur des ruisseaux à pente rapide. Ainsi, par exemple, on pouvait voir, il y a peu d'années, sur le ruisseau de Vexaincourt, qui est un des affluents de la rivière de la *Plaine*, un grand nombre de tronces fixées perpendiculairement à l'axe du ruisseau, sur le fond du lit, et engagées à leurs extrémités dans ses deux rives. Ces tronces, d'environ $0^{m},33$ de diamètre, étaient assez rapprochées les unes des autres pour que le plan d'eau, tangent à la partie supérieure de l'une de ces tronces, vint passer par la partie inférieure de la tronce placée en amont, de manière à former un grand nombre de petits bassins successifs et horizontaux.

Malheureusement, on a négligé l'entretien de ces barrages en bois, ainsi que celui de plusieurs étangs supérieurs, et le flottage a dû finir par être abandonné.

Ce système nous paraît le plus simple, le plus praticable et le moins dispendieux de tous, sur les petits ruisseaux rapides tels que celui de Vexaincourt.

Si l'on emploie des barrages un peu plus élevés et par conséquent moins rapprochés, on pourra les construire encore en bois (Voir le modèle en relief), avec radier supérieur et inférieur en planches, posées sur des longueurs et des traversines, lesquelles sont elles-mêmes fixées sur des pilots enfoncés d'environ $1^{m},00$, si le terrain du lit le permet ; le tout consolidé par une bonne tronce, traversant le ruisseau et enfoncées dans les berges.

Si le ruisseau à rendre flottable est encombré de roches ou galets, qu'il faudra casser ou enlever préalablement, on pourra utilement et économiquement employer une partie de ces matériaux à la construction de petits barrages, tels que celui qui est indiqué par les deux fig. 28 et 29. La digue du barrage est faite en fortes pierres réunies par des goujons de fer, scellés en plomb, et dont les deux extrémités sont engagées dans les berges et défendues, en amont et en aval, par de bons murs en pierres. Ces murs accompagnent un radier supérieur et un radier inférieur, établis avec de gros galets arrondis. L'expérience a prouvé que ces galets, bien posés et garnis de petits cailloux, résistent beaucoup mieux à l'action des eaux que des pierres rectangulaires.

BARRAGES MOBILES.

ARTICLE PREMIER. — *Barrages à grande dépense.*

Quand la quantité d'eau que mène le ruisseau est très-petite et que le sol des rives est très-absorbant, on aurait beau établir des barrages, de distance en distance, le ruisseau n'acquérerait pas une hauteur de $0^{m},50$ de flot. Dans ce cas, aux barrages fixes, tels que ceux que nous venons d'indiquer, on substitue des barrages mobiles dont on enlève les portières, un peu avant le passage des trains, afin de garnir la rivière à une certaine distance devant eux, et de telle sorte que les eaux des biefs supérieurs, venant à s'ajouter à celle des inférieurs, produisent, par leur accumulation, la hauteur voulue.

Or, on peut exécuter ces barrages de diverses manières. (Voir les modèles en relief.)

Ces barrages sont dits à grande dépense, c'est-à-dire qu'ils barrent toute la largeur de la rivière. Cela est indispensable, quand la rivière n'a que $4^{m},00$ de largeur; mais si cette largeur devient plus considérable, on peut modifier encore cette disposition.

ART. 2. — *Barrages fixes ou mobiles et à petite dépense.*

Dans le cas où un ruisseau a plus de $4^{m},00$ de largeur, on obtiendra plus facilement, à hauteur égale de flot, une élévation de $0^{m},50$ d'eau, en y établissant des barrages sur toute sa largeur, mais qui auront, à leur milieu, une ouverture de $4^{m},00$ seulement de large et dont le seuil sera disposé de manière que la nappe d'eau qui y passera aura la hauteur voulue pour le flottage.

On pourra encore ici employer la formule E, en considérant la section moyenne du ruisseau modifié par les barrages comme égale à $4^{m.} \times 0,50 = 2^{m.q.},00$.

Enfin, on pourra augmenter l'effet de ces barrages, en disposant les choses de telle sorte que le milieu ait une portière mobile et qui permette de faire passer à volonté les eaux d'un bassin supérieur dans un inférieur. (Voyez les modèles en relief.)

Il est nécessaire, avant de lancer les trains, de

garnir la rivière au-dessous du port d'empaquetage; car, comme ceux-ci, non-seulement acquièrent la vitesse de l'eau qui les porte, mais, en outre, une autre impulsion due à la pente du plan d'eau sur lequel ils glissent, ils auraient bientôt atteint, sans cette précaution, la tête du flot, et viendraient heurter les galets du lit et s'y désorganiser. Il devient donc utile d'établir un ou plusieurs biefs supérieurs à celui d'empaquetage, afin de pouvoir lâcher les eaux, environ une demi-heure, avant le départ des flottes.

Si le ruisseau, dans la partie de son cours en amont du port d'empaquetage, est encore torrentiel au moment des grandes eaux, il serait imprudent d'y établir des barrages fixes; et, au moyen de barrages en partie ou en tout mobiles, il sera souvent facile de créer un ou plusieurs biefs supérieurs qui donneront la quantité d'eau nécessaire.

Quand on lâchera les eaux, on devra, si l'on n'est plus sur le territoire de la forêt, prendre garde qu'elles n'endommagent les propriétés voisines.

Les formules données par les ingénieurs pour déterminer la dépense que fournit l'ouverture des vannes des biefs des canaux, ont été calculées dans des circonstances assez différentes de celles que présentent les biefs qu'on établit, au sujet du flottage, pour que nous croyions que de nouvelles expériences, toutes spéciales, sont indispensables. C'est ce qu'on pourrait faire avec des barrages provisoires ou sur

8

d'autres déjà établis sur les cours d'eau qu'on a rendus flottables. On en déduirait ainsi des coefficients d'une exactitude suffisante pour la pratique.

Si, au-dessus du point de départ des trains, le ruisseau est trop faible, même pendant les crues, pour faire redouter des avaries aux barrages fixes, il y aura avantage et économie à exécuter une digue solide en amont et qui fournirait un étang, dont les eaux pourraient être lâchées, au moyen d'une portière placée à la partie inférieure de cette digue. (Voyez le modèle en relief.)

§ III.

BARRAGES FIXES D'UNE HAUTEUR PLUS GRANDE QUE $0^m,80$.

Il se présente de certains cas où l'on a besoin de donner aux barrages une hauteur plus considérable que $0^m,80$, non pas à cause du flottage, mais afin que les eaux retenues puissent acquérir une chute assez considérable pour faire marcher une scierie. Alors, pour remplir les deux conditions à la fois, il faut placer, à l'abri des grandes eaux, le barrage, qui devient trop élevé pour rester mobile; et, pour cela, on établit une prise d'eau à une certaine distance en amont assez grande pour qu'en construisant un canal latéral, depuis cette prise d'eau jusqu'à l'usine, on obtienne ainsi la chute voulue. Il arrive souvent que, dans une vallée forestière, des scieries sont bâties les unes au-dessous des autres. Alors on exécute un second canal à une certaine distance au-dessous de la première scierie, puis un troisième qui alimente la troisième scierie et ainsi de suite.

Or, si tous ces tronçons de canaux avaient été conçus dans un projet d'ensemble; s'ils avaient relié ces usines les unes aux autres, ils n'auraient formé qu'un seul et même canal de dérivation, dont les barrages successifs, à l'abri des crues, auraient fourni, en temps voulu, l'eau nécessaire pour le flottage et pour les scieries. C'est évidemment ce qu'il faudra faire toutes les fois que ces conditions diverses devront être satisfaites à la fois.

Les barrages fixes de ces étangs d'empaquetage peuvent s'exécuter de diverses manières.

Dans le pays de Bade, on les construit souvent tout en bois. (Voir le modèle en relief.)

La figure 30 en fait voir un autre également en bois, établi sur un ruisseau de l'ancien comté de Dabo.

La figure 31 représente un des barrages de la vallée de Ravines.

La figure 32 représente un barrage en bois du duché de Bade, et que l'on peut démonter et transporter à volonté, là où on veut établir un étang provisoire de flottage.

Enfin, la figure 33 donne le dessin d'une prise d'eau du canal d'une scierie sur le ruisseau du Rabodeau.

On voit que dans le barrage en bois du duché de

Bade (Voir le modèle en relief), la chute totale est divisée en deux gradins successifs destinés à tuer la vitesse de l'eau. C'est le système qui paraît être préféré aujourd'hui.

Quant à celui de Ravines, il a l'inconvénient de faire prendre à l'eau, qui coule sur son plan incliné, une vitesse trop grande en vertu de laquelle, d'une part, le niveau du tirant d'eau s'abaisse, et de l'autre, le sol en aval est affouillé. Les bois qui en descendent touchent la pierre, et ces inconvénients seraient moindres si, à leur risberme inclinée, on substituait deux ou trois gradins horizontaux successifs comme dans le barrage précédent.

CHAPITRE V.

§ Ier.

CANAUX DE DÉRIVATION.

Nous venons de reconnaître, dans le chapitre IV, la nécessité d'établir un canal de dérivation, quand plusieurs scieries sont mises en mouvement par les eaux d'un ruisseau torrentiel et quand on veut expédier les planches par le moyen du flottage. Il y a encore d'autres cas où il peut être avantageux de substituer un canal semblable au lit naturel du ruisseau. Ainsi, par exemple, si ce lit est tellement irrégulier et encombré de grosses roches, que leur cassage et leur extraction entraîneraient l'administration dans de trop fortes dépenses; ou bien, si des usines sont placées à cheval sur le cours d'eau, il pourrait se faire qu'on fût forcé de creuser, sur un des flancs de la vallée, un canal de dérivation, surtout si l'on n'avait à cheminer, en grande partie, que sur le territoire forestier, ou sur des terrains communaux. Il peut même arriver que, sans la réunion de ces circonstances, on juge avantageux un pareil établissement. Le canal qui, partant d'Omerai, transportait annuellement 30,000$^{st.}$,00 de bois de chauffage des forêts de Réchicourt à Moyenvic (Meurthe), et celui qui, alimenté par l'étang de Wesse, permettait de flotter jusqu'à Château-Salins, sont des exemples de ces sortes d'ouvrages.

Les canaux de dérivation, dont nous venons de parler, doivent être alimentés par un ou plusieurs réservoirs placés en amont; on doit les comparer aux rigoles de navigation qui fournissent de l'eau aux grands canaux; on les fait passer sur un des flancs de la vallée dont on prend les terres du côté du coteau pour les porter en remblai du côté du ruisseau, de manière à former une levée ou digue qui retient les eaux. Lorsque ces canaux viennent à traverser un vallon latéral, l'eau est renfermée entre deux levées parallèles; quelquefois même, à ces points de leur cours, on construit le canal en bois, et on le soutient sur des chevalets, aussi en bois, ou sur des piles de pierre, à l'instar des chenaux d'usine. On en voit de pareils sur l'Armançon, l'un des affluents de l'Yonne, et dans le pays de Bade.

Nous venons de dire que ces canaux de dérivation doivent n'avoir qu'une faible pente, et cela, pour deux raisons. La première, c'est que si l'eau y avait trop de vitesse, elle y causerait des érosions dans les terres rapportées; la seconde, c'est que les terres, ainsi enlevées, iraient se déposer et s'accumuler vers les parties inférieures et finiraient par exhausser sensiblement le lit du canal.

Il faut donc que la vitesse de l'eau au fond soit assez faible pour ne pas affouiller ce fond ni les berges, et que cependant elle soit assez grande pour que le transport des bois ne se fasse pas avec trop de lenteur; auquel cas elle exigerait une dépense de force de traction. Il y a d'ailleurs encore un autre motif; car, lorsque les eaux n'ont pas assez d'impulsion, si le terrain est perméable, la pression de la masse de ces eaux les fait pénétrer et se perdre à travers les terres. Quand, au contraire, comme dans les canaux d'irrigation des Vosges, on leur donne une vitesse moyenne de $0^{m},35$ à $0^{m},50$, cet inconvénient est considérablement diminué. La pression cependant est la même, et on serait étonné de ce résultat, si l'on ne faisait pas attention que la viscosité du liquide engage les molécules d'eau du fond du canal à suivre leurs voisines, qui sont en mouvement, et les empêche de s'infiltrer à travers les fissures du périmètre mouillé. Il sera donc avantageux de donner à ces canaux une vitesse d'environ $0^{m},35$ à $0^{m},50$ par seconde.

Au surplus, si l'on connaît la vitesse V à la surface d'un canal et la vitesse moyenne U, on pourra calculer la vitesse convenable au fond par la formule

$$W = 2U - V,$$

et l'on s'arrangera de manière à ne pas dépasser les

vitesses qui peuvent corroder les diverses sortes de terrains, et qui sont indiquées dans le tableau ci-après.

Nature du fond.	*Limites de la vitesse.*
Terres détrempées, brunes.........	0^m,076.
Argiles tendres..................	0 ,152.
Sables...........................	0 ,305.
Graviers.........................	0 ,609.
Cailloux.........................	0 ,614.
Pierres cassées, silex...........	1 ,220.
Cailloux agglomérés, schistes tendres.	1 ,520.
Roches par couches...............	1 ,830.
Roches dures.....................	3 ,050.

Quand, d'apres la nature de la terre, et d'après la quantité d'eau dont on peut disposer par seconde, on aura fixé la vitesse qu'on ne voudra pas dépasser, on déterminera la chute pour 3218^m,62 de longueur du canal, et, par conséquent, la pente nécessaire pour obtenir la vitesse voulue, au moyen de la formule :

$$v = 0{,}9\sqrt{H.R.}$$

nous en tirerons $H = \frac{v^2}{0{,}36.R}$,

et si I représente la pente par mètre,

$$I = \frac{v^2}{0{,}36 \times 3218{,}62\ R} = 0{,}0009\ \frac{v^2}{R}.$$

En général, les vitesses des rigoles d'alimentation des grands canaux, que l'on peut, ainsi que nous l'avons déjà dit, comparer aux canaux propres au flottage, sont comprises en France entre $0^m,10$ et $0^m,50$ par secondes, et correspondantes à des pentes de $0^m,0001$ et $0^m,0005$ par mètre. Cependant, la rigole de Saint-Féréol présente une pente de $0^m,00088$.

La vitesse moyenne des rigoles est le plus ordinairement de $0^m,35$, par seconde.

La relation (3) nous permettra de calculer à peu près la pente, pourvu que nous connaissions le périmètre mouillé du canal de flottage.

Or, ce canal devra avoir $4^m,00$ de largeur au fond, et nous lui supposerons en outre, $0^m,50$ de tirant d'eau, la surface de section sera donc, si les côtés ont une inclinaison de 1 ½ de base sur 1 de hauteur, égale à $2^{mq},35$, le périmètre mouillé sera de $5^m,80$, donc $R = 0^m,41$,

$$\text{donc} \qquad I = 0,0009 \frac{v^2}{0,41};$$

et si l'on suppose $v = 0^m,40$ par seconde

$$I = 0,0003.$$

Valeur qui se rapporte bien à celle des rigoles d'alimentation dont nous venons de parler.

Quant au profil en travers du canal, il est représenté par la figure 34, dans laquelle on voit les deux marche-pieds *ab*, *a'b'* et la rigole E, destinée à recevoir les eaux sauvages et à préserver le canal, lorsque celui-ci est appuyé contre le coteau.

Le projet d'un semblable canal doit être précédé d'un lever général très-exact du cours d'eau et de ses affluents. On dressera les profils en travers du lit du ruisseau et de ses rives. On y indiquera les eaux les plus basses, les eaux ordinaires et les plus hautes crues. On recueillera les renseignements les plus précis qu'on pourra sur le régime du ruisseau, sur la nature des troubles qu'il charrie, sur les affouillements et les atterrissements qui s'y manifestent, sur les points les plus avantageux et les moins dispendieux pour l'exécution des barrages; et enfin on indiquera la solidité du fond naturel, relativement aux ouvrages d'art qu'on pourra avoir à y exécuter.

Les nivellements des eaux seront effectués à l'aide de bons niveaux à bulle d'air, avec la précision de $0^{m},004$ à $0^{m},005$ pour une station de mille mètres. Ils devront être vérifiés plusieurs fois.

Les canaux de dérivation qu'on peut avoir à établir pour le flottage, devront être les plus courts possible; ils s'écarteront donc le moins qu'on pourra du cours d'eau lattéral et rentreront au plus vite dans son lit. De distance en distance, il faudra donc, pour qu'à l'extrémité on n'ait pas une chute très-élevée, subdiviser la chute totale en chutes particulières au moyen de barrages, et l'on profitera, s'il y a lieu, de ces chutes, pour faire marcher des scieries.

Si la pente du coteau exige que certaines parties des remblais du canal soient établies verticales du côté du vallon; si, par exemple, le canal et le ruisseau sont tout près l'un de l'autre; on soutient le remblai par un mur de terrasse bien maçonné en mortier hydraulique. Ce mur vertical peut être établi à plusieurs retraites successives.

Si le talus extérieur du remblai est baigné par le ruisseau, toute la partie immergée doit être revêtue d'un mur ou d'un perré en maçonnerie, avec corroi de béton par derrière, pour que les terres du remblai ne soient pas détrempées.

Quand le canal rencontre un affluent du ruisseau, si cet affluent n'amène pas de troubles, on lui ménage une communication avec le canal; mais ordinairement il en charrie, et alors on construit du côté du coteau une digue en terre qui isole le canal. On forme ainsi un petit étang avec les eaux de l'affluent. Les eaux qui remplissent cet étang ont le temps de déposer leurs troubles. Pour s'en débarrasser, on pratique un aqueduc avec portière sous le canal et de plus une deuxième portière débouchant dans le canal lui-même. Ces portières étant closes, on laisse arriver les eaux dans l'étang ainsi formé; et quand les troubles sont tombés au fond, on lève la portière inférieure et on les fait évacuer; on peut alors fermer l'entrée de l'aqueduc, ouvrir l'entrée du canal et y laisser couler les eaux clarifiées.

Les portières des déversoirs doivent pouvoir s'ouvrir jusqu'au niveau du fond des étangs d'empaquetage, ou des biefs successifs, afin qu'on puisse vider ceux-ci à volonté et complétement.

Les calculs des terrassements se font absolument comme pour les routes.

Quant à l'exécution des remblais et des déblais, elle exige dans les canaux bien plus de précautions encore que pour les routes ordinaires. Les tassements des remblais d'un canal ouvriraient, en effet, de larges fissures à l'eau, par lesquelles elle se répandrait sur le sol inférieur et y entraînerait avec elle la terre végétale. Il faut, comme d'ailleurs pour les remblais de route, enlever soigneusement les premières couches de gazon et d'autres plantes pour l'emplacement de la base du remblai, puis enraciner, en quelque sorte, ce dernier dans le sol. Ce remblai doit se faire autant que possible, en terre argileuse, du côté de la rive d'eau du canal, et en fortes pierrailles, du côté du talus extérieur. Les couches de $0^m,16$ à $0^m,20$ d'épaisseur, doivent être légèrement mouillées, tassées fortement par le roulage des brouettes et des camions ou des tombereaux, et damées avec des pilons dentelés qui sillonnent chaque couche avant qu'on en applique une nouvelle et assurent ainsi leur liaison parfaite. Quand on sera arrivé à la hauteur du fond du canal, on s'arrêtera pour laisser le tassement s'opérer avant l'exécution de la dernière partie. Ainsi on commencera par établir les grands remblais.

Les grandes tranchées en déblais exigent aussi beaucoup de précautions. Il faut se prémunir contre les éboulements, et quand on est arrivé au niveau de la cuvette du canal, si le terrain à déblayer est un rocher, n'employer la mine qu'avec circonspection, de peur d'ouvrir des fissures par lesquelles s'échapperaient les eaux. Il faut en outre les couvrir de terre végétale et y semer des plantes traçantes.

On établira sur les déblais des banquettes successives, sur lesquelles, en forêt, on exécutera des semis d'arbres à racines traçantes.

Si le canal doit traverser des terrains formés de couches d'argile en pente entremêlées de sables, il est à craindre que ces couches ne viennent à glisser les unes sur les autres, lorsqu'elles seront imbibées par les eaux qui passent à travers le sable. Le moyen le plus simple consiste à rechercher le point de départ de ces eaux et à les conduire par des fossés hors de la tranchée.

Dans les tranchées marécageuses, on opère, avant tout, l'assainissement du terrain, par des rigoles, de la même manière que pour les routes.

§ II.

CANAUX A BIEFS HORIZONTAUX.

Si l'on veut encore diminuer la dépense d'eau du canal, c'est-à-dire, parvenir à flotter avec un plus faible ruisseau, on établira les biefs tout à fait horizontaux, ou du moins n'offrant qu'une pente excessivement faible, et seulement nécessaire pour la vidange facile et complète de ces réservoirs.

De semblables canaux de flottage sont des routes d'eau stagnante, divisées par gradins successifs plus ou moins élevés ; l'art de les projeter consiste à leur donner la plus petite longueur possible, et la somme des hauteurs de leurs gradins doit être aussi un minimum. Les évaporations et les filtrations exigent qu'on ait toujours à volonté des ressources d'alimentation permanentes.

Il sera prudent de donner un peu plus de profondeur aux canaux horizontaux qu'à ceux à pente, afin qu'un peu avant de flotter, on puisse avoir un excès de hauteur d'environ $0^m,10$, qui assure les $0^m,50$ voulus au moment du flottage.

Or, les pertes d'eau, par évaporation, sont d'autant plus grandes que les surfaces d'eau sont plus étendues. On doit compter pour les canaux et leurs réservoirs sur une tranche de $0^m,01$ par 24 h.

La perte par filtration, dans les terrains homogènes, est proportionnelle à la surface mouillée, à la charge d'eau et à la profondeur des couches susceptibles de se laisser imbiber.

On évaluait approximativement, autrefois, cette perte à deux fois celle qui est due à l'évaporation ; mais selon la diversité des terrains, il y a des mécomptes énormes. Ainsi, le canal de Narbonne, dont les berges sont en graviers, perdait encore, quinze ans après sa construction, une couche de $0^{m},80$ en $24^{h},00$. Au canal du Centre, l'eau se perdait tout entière en 24 h.; à celui de Saint-Quentin, la navigation chômait pendant les $^{2}/_{3}$ de l'année.

M. le baron de Pechmann, ingénieur bavarois, a imaginé de rendre étanches les canaux qui perdent leurs eaux, par un procédé fort simple et qui paraît lui avoir donné de très-bons résultats dans un terrain sablonneux. Ce moyen consiste à remuer avec un râteau en bois tiré par un cheval, de l'argile répandue au fond du canal, de manière à rendre l'eau trouble; cette eau, en passant à travers les grains de sable, y dépose son argile et bouche les interstices. Il a aussi employé les eaux troubles de ruisseaux roulant sur un fond argileux (1).

Cet ingénieur ne craint pas d'affirmer « qu'il doute qu'on puisse trouver un canal qui ne devienne complétement étanche avec facilité et en peu de temps, si l'on peut y transporter de l'argile pour la répandre sur le fond et pour l'agiter. »

M. l'ingénieur Le Grom (Annales des ponts et chaussées 1845, 1er semestre) croit devoir protester contre les conclusions de M. de Pechmann qu'il trouve trop absolues en ce qui concerne le canal du

---

(1) Annales des ponts et chaussées, 1841, 2e semestre, page 18.

Rhône au Rhin. Ce canal est celui de tous qui a exigé les travaux d'étanchement les plus considérables et les plus coûteux. Dans la vallée du Rhin, en effet, de Bâle à Strasbourg, le terrain est presque entièrement composé de couches de sable et de cailloux roulés et par conséquent est extrêmement perméable. L'introduction des eaux sablonneuses et vaseuses de la rivière de l'Isle dans le canal ne parvint pas à boucher les interstices des terres. On employa outre cela des eaux chargées d'argile et ces essais ne réussirent pas davantage. On reconnut donc la nécessité de moyens plus efficaces, et pour cela on se servit de corrois composés de terre argileuse et de graviers, ces derniers entrant dans la proportion de $0^{m.c},25$ pour $0^{m.c},75$ de terre. Ces corrois, appliqués sur le fond de la cuvette, en une couche d'environ $0^{m},30$ d'épaisseur, fortement damés et posés par couches en retaite sur les talus parvinrent à empêcher les pertes. Il faut bien, du reste, remarquer ici que, toutes choses égales d'ailleurs, la pression étant beaucoup plus faible dans nos canaux de flottage que dans celui dont il est question, puisque la hauteur d'eau au lieu d'être de $1^{m},50$ n'ayant besoin que de s'y élever à $0^{m},60$, il sera toujours beaucoup plus facile d'opérer l'étanchement.

On employa encore un autre genre d'étanchement au moyen des sables fins destinés à compléter l'imperméabilité du canal. Ce procédé a l'avantage de pouvoir être mis en œuvre, sans que l'on vide les bassins; il n'est même possible qu'à la condition d'avoir une certaine hauteur d'eau au-dessus de la partie à étancher. Ainsi, lorsqu'après l'apposition du corroi, il s'est formé quelque défoncement en forme d'entonnoir, on drague au vif cet entonnoir et, ayant fait approcher un bateau chargé de sable, on jette celui-ci, par masse, à la pelle à travers l'eau et au droit du défoncement. Les particules de sable entraînées par les eaux ferment ce dernier et tiennent lieu d'un tampon qui arrête toute filtration.

Cet emploi du sable n'a pas été, d'ailleurs, uniquement restreint à la fermeture de ces défoncements ou entonnoirs, il a été employé pour l'étanchement du plafond, sans intermédiaire de corrois et pour le renforcement des corrois des talus qui ne présentaient pas assez de résistance.

Dans certains biefs, on a été obligé de remplacer les corrois par du béton hydraulique; $4566^{m},00$ courants de canal en ont exigé un cube total de $10763^{m.c},93$.

Les roseaux et les iris, qu'on a fait végéter dans les corrois, les ont améliorés, ainsi que les surfaces des canaux qui sont déjà assez étanches pour qu'on ne soit pas obligé de faire usage des corrois.

Les canaux à pente un peu prononcée, comme les canaux d'irrigation échappent, la plupart du temps, à ces pertes; c'est donc un grand avantage qu'ils ont pour nous sur les canaux horizontaux ; et s'ils dépensent plus d'eau, ils présentent, d'un autre côté, une économie évidente pour le transport; puisque sur ceux-ci les trains marchent tout seuls, tandis qu'il faut les tirer sur les premiers. On peut au surplus apprécier assez exactement cet avantage.

En effet, le halage sur les canaux horizontaux se fait par les flotteurs eux-mêmes ou par des chevaux. Or, sur une route empierrée ordinaire, un cheval peut traîner au pas un poids égal à vingt-quatre fois son effort de traction.

Sur une eau dormante, il peut tirer sur bateau un poids égal à douze cents fois ce même effort de traction. Comme les trains éprouvent plus de résistance que les bateaux, réduisons ce chiffre à mille fois, il reste encore un effet utile cinquante fois plus grand sur l'eau tranquille que sur un empierrement. Quoique la dépense de la traction soit ainsi peu considérable, il faudra nécessairement cependant en tenir compte, si l'on veut comparer les frais de transport sur les canaux à pente à ceux qu'entraînent les canaux horizontaux; et comme ces frais sont à peu près nuls sur les canaux à pente, il en résulte que ces derniers doivent être préférés, pourvu que leur pente produise une vitesse assez grande pour que le flottage ne dure pas trop longtemps et pour que les filtrations soient peu dangereuses.

CHAPITRE VI.

PENTES ET VITESSES DE QUELQUES COURS D'EAU NATURELS OU ARTIFICIELS.

Nous avons pensé qu'il serait convenable de joindre ici les pentes et les vitesses d'un certain nombre de rivières, de ruisseaux et de canaux.

		Pentes par mètre.	Vitesse par seconde.
Garonne.	A l'aval de Toulouse jusqu'à la limite du départem^t.	0^m,00085	
Dordogne.	En amont du confluent de la Vezère.	0 ,00097	
Rhône.	De Lyon à Beaucaire...	0 ,00056	2^m,10
	Plus haut que Lyon....	0 ,00080	
Saône.	De Verdun à Lyon.....	0 ,00007	
Seine.	Dans Paris à 6^m,00 sur l'étiage..	0 ,00055	1 ,00
	Dans Paris à 6^m,00 au-d. de l'étiage	0 ,00060	1 ,90
	Entre Suresne et Neuilly..		0 ,78
	De Paris à Rouen.......	0, 00010	
Loire.	De Dijon à Nevers......	0 ,00057	
Marne.	De Saint-Dizier à Vitry.	0 ,00081	
Aisne.	De l'embouchure du canal des Ardennes jusqu'à l'Oise...	0 ,00026	

Meuse.	De Sedan à l'embouchure du canal des Ardennes.	0m,00026	
Rhin.	De Reichenau en Suisse à la frontière de France..	0 ,00224	
	Le long du littoral français.	0 ,00065	1m ,00
Moselle.	Au dessus d'Epinal....	0 ,00190	
La Plaine.	Affluent de la Meurthe	0 ,00166	
Coné.	Affluent de la Moselle et de la Saône... vers la Moselle	0 ,01800	
	Affluent de la Moselle et de la Saône... vers la Saône..	0 ,01600	
Yonne.	De Lachaise au-dessus de Clamexi	0 ,00130	1 ,00
	D'Armes à Auxerre....	0 ,00078	
Rivières des environs de Paris..			0 ,28
Tamise.	Sa plus grande vitesse pendant le flux.....		0 ,90
	Pendant le reflux.....		0 ,76
Rigoles.	Quand elles doivent servir à la navigation..........	0 ,00010 0 ,00050	0 ,35
Rigole de Saint-Féréol		0 ,00088	
Rigoles du canal de Bourgogne	proposées de..............	0 ,00083	

CHAPITRE VII.

DÉTERMINATION DES PRIX DES DIFFÉRENTS MODES DE TRANSPORTS DES BOIS.

§ Ier.

TRANSPORT PAR TERRE.

ARTICLE PREMIER. — *Lançoirs.*

1° *Lançage sur terre.* Le moyen le plus simple de conduire les bois du point où ils sont abattus, jusqu'à un chemin de la forêt où on puisse les charger sur des chariots, est, sans contredit, le lançage sur le sol même.

Autant que possible, ce lançage se fait dans des plis de terrain qui forment un ravin dont les bords élevés empêchent les bois de dévier à droite et à gauche et d'endommager les arbres voisins.

Des expériences de cabinet, exécutées avec un bois rond, représentant une tronce et glissant sur une planche que nous avons rendue raboteuse, par un enduit de sable à grains assez gros, nous ont fait reconnaître que, dans de pareilles conditions, cette petite tronce glissait sans peine, sur une pente de 67 p. % ou de 36^g, quand elle était tirée par un poids équivalent au $1/25$ du poids de cette tronce.

Or, dans le cantonnement de Gérardmer (Vosges), l'expérience nous a appris aussi que les bois se lancent, du haut en bas des montagnes, sur les pentes suivantes :

1er Lançoir.	30g,18..	0,51 p. %	pente moyenne 0,62 p. %
	33 ,00..	0,57	
	38 ,00..	0,68	
2e Lançoir.	37 ,50..	0,66	
3e Lançoir.	36 ,00..	0,63	
	38 ,00..	0,69	

On voit que les expériences au cabinet et sur le terrain placent, à peu près, les bois à transporter dans les mêmes conditions que ceux qui doivent être chariés sur des chemins empierrés. Toutefois, il faut avoir égard à la force accélératrice constante de la pesanteur qui agit dans les lançoirs et qui finit par communiquer au bois une vitesse excessive, si le trajet se prolonge à plus de 150 mètres, en les détériorant tellement qu'il n'est pas rare de voir des tronces perdre, par ce lançage, la moitié et plus de leur valeur; de telle sorte que ce mode de transport, qui semblerait devoir être peu couteux, finit par devenir trés-onéreux par la dégradation qu'il cause aux bois de service. Il est difficile, au surplus, de fixer le prix du lançage du mètre cube; car ce prix dépend d'une foule de circonstances qui obligent l'adjudicataire de le faire exécuter à la journée à ses frais, ou de marchander en bloc, avec ses ouvriers, le lançage de toute une coupe.

2° *Lançoirs en bois.* En Allemagne, on emploie souvent des lançoirs, ou espèces de conduits creux, établis au moyen de longues pièces de bois, disposées les unes à côté des autres et de manière à former un demi-cylindre.

Pour qu'en France, ce moyen soit mis en pratique avec le mode d'administration adopté dans les forêts de l'Etat, il faut que les adjudicataires fassent exécuter les lançoirs à leurs frais et avec des bois de leurs coupes. Ils sont obligés de dresser des ouvriers à ce genre de travail et de les surveiller ; tandis qu'en Allemagne, l'administration, qui exploite à l'économie, peut avec avantage entreprendre de pareils travaux dont l'exécution lui est familière et dont les bois peuvent rester transformés en lançoir, pendant plusieurs années, jusqu'à ce qu'ils soient complétement usés par le temps.

Aussi, quoiqu'il y ait telles localités en France, où souvent des lançoirs, placés à l'extrémité de certains plateaux forestiers et débouchant directement dans la plaine, pourraient être économiques, leur établissement ne se fait qu'autant qu'il est à peu prés impossible de construire des routes au milieu de roches escarpées et nombreuses.

On les a employés, il y a déjà longtemps, près de Remiremont (Vosges); ils sont aujourd'hui encore usités dans les pentes abruptes des Pyrénées et dans la Nièvre ; l'auteur du *Traité général de la statistique, de la culture et de l'exploitation des bois*, M. J.-B. Thomas, nous apprend (tome II, p. 267) que la construction d'un lançoir, dans les forêts de la Brouelle, aux environs de Château-Chinon (Nièvre), entraîne à une dépense qui équivaut à celle du charroi, à environ une lieue. Il évalue cette dépense à $5^{f},00$ par décastère pour 4 à $5^{kil.},00$ ou à $0^{f},50$ pour $1^{st.},00$, ou enfin, par stère et par kilomètre, à $0^{f},125$. Il faut ajouter à ces renseignements que, dans leur trajet sur ces lançoirs, quelques bûches, surtout celles de hêtre, se cassent, quand elles ne tombent pas verticalement sur l'eau du ruisseau auquel aboutit le lançoir.

Ces glissoirs prennent le nom d'*allingres*, dans ces localités ; ils se font avec les plus forts brins de taillis, équarris légèrement d'un côté seulement. Ils ont ordinairement $1^{m},35$ à $1^{m},70$ de largeur, avec un rebord de $0^{m},18$ à $0^{m},24$ de hauteur, destiné à prévenir, du haut en bas, les écarts des bûches et à les tenir comme dans une rigole sans eau.

Les bois de ces allingres ne sont équarris que pour se bien joindre et pour faire mieux glisser les bûches ; mais ils ne pourraient servir pour une exploitation prolongée ; car, au bout de cinq ans, ils sont entièrement gâtés ; après le lançage, on les convertit en bûches.

Comme ce mode de transport sera de moins en moins employé, à mesure que les chemins de voiture s'établiront dans les forêts, nous ne nous y arrêterons pas davantage. Nous manquons, d'ailleurs, de données assez nombreuses pour pouvoir rien généraliser à leur égard, ainsi qu'au sujet des sentiers de traînage sur le sol.

Cependant, nous appellerons l'attention d'une manière toute particulière sur l'utilité qu'il y aurait à étudier la régularisation des sentiers de glissage sur le sol, qui peuvent être fort économiques dans les parties les plus abruptes des montagnes pour faire descendre les bois jusque sur les grands chemins. La direction de ces sentiers est abandonnée, le plus souvent, à l'arbitraire, et leur excès de pente est une cause de détérioration pour les bois qu'on y lance et pour ceux qu'ils rencontrent en descendant. Il nous semble qu'il serait important de déterminer, par des expériences directes, les inclinaisons les plus convenables à donner à ces sentiers :

1° Sur les déclivités rapides de terrain et sur lesquelles les bois peuvent être tirés à bras et sans craindre une accélération de vitesse.

2° Pour les versants moins inclinés, où l'emploi des bêtes de trait devient nécessaire, jusqu'à ce qu'enfin, la pente s'abaissant toujours, on soit obligé d'avoir recours aux chariots employés sur des chemins ordinaires de vidange.

ARTICLE 2. — *Sentiers de traînage.*

1° *Sur avant-trains.* Quand les flancs des montagnes permettent d'établir des sentiers ou *courues*, sur lesquels on peut faire marcher un cheval attelé à l'avant-train d'un chariot, on attache sur le brancard de cet avant-train, une tronce dont un bout est ainsi relevé et dont l'autre extrémité traîne sur le sol. Souvent, plusieurs autres tronces sont attachées à cette première tronce, et traînées ainsi, en même temps qu'elle, par des chevaux.

Ce mode présente l'inconvénient d'user, en bec de flûte, la tronce inclinée attachée sur l'essieu de l'avant-train.

Nous avons reconnu, dans le cantonnement de Gérardmer, que ce genre de transport s'y exécutait sur des sentiers qui ont au moins 3 mètres de largeur et dont les pentes mesurées nous ont fourni les chiffres suivants :

1° 17^{g},32.....	0,27 p. %	}	pente moyenne :
2° 13 ,50.....	0,21	}	0,2866 p. %.
3° 23 ,50.....	0,38	}	

2° *Lootbaum.* Les Allemands emploient avec beaucoup d'avantage, pour le traînage sur le sol, un traîneau appelé *lootbaum*, et que représente la fig. 35.

Ce traîneau étroit peut facilement parcourir les coupes. Il a été expérimenté, avec succès, par

M. Parade, dans les coupes des forêts de Gérardmer, sur les pentes suivantes :

1° 17^{g},32.....	0,27 p. %	moyenne :
2° 13 ,50.....	0,21	
3° 23 ,50.....	0,38	0,2866 p. %.

Les sentiers, par lesquels on fait passer ce traîneau, n'ont pas besoin d'être, à beaucoup près, aussi larges que ceux qui servent aux transports sur les avants-trains. Il suffit de leur donner 1^{m},50.

3° *Bouquins.* On emploie aussi, dans les Vosges, un petit traîneau nommé *bouquin* et qui est très-commode (*Fig.* 36).

4° *Chemins de schlitte.* Quand on doit faire descendre une grande quantité de bois, on préfère souvent garnir les sentiers de traînage, sur lesquels passent les bouquins, par des bois placés en travers et disposés assez près les uns des autres pour que les traîneaux soient toujours soutenus par eux. Ces traîneaux sont tirés, le plus souvent, par des hommes.

Les chemins de *schlitte* que les adjudicataires établissent ainsi dans certaines localités, au milieu des montagnes des Vosges jusqu'aux scieries, n'ont pas un développement aussi considérable que les chemins de voiture ; car leur pente doit être assez prononcée pour que les traîneaux glissent sans peine, mais pas assez vite pour ne pouvoir être contenus par leurs conducteurs. Chaque bois, placé en travers, est maintenu par de fortes chevilles ; la place doit être préparée d'avance par un terrassement et ragréée ensuite. Tout cet établissement exige une main-d'œuvre assez considérable qui, quoique à la charge de l'adjudicataire, n'en est pas moins supportée par le trésor. Il est donc convenable d'examiner si ce genre de transport est préférable aux chemins en terrain naturel, et s'il n'y aurait pas un bénéfice sensible, pour l'administration, en France, à faire construire, une fois pour toutes, des chemins réguliers de voiture qui, partant des zones où le traînage et le glissement sur le sol cessent d'être possibles, descendraient vers le fond des vallées, ayant une faible largeur d'abord, qu'on augmenterait, lorsque la fréquentation devenue ensuite plus grande, à mesure qu'on descend vers les parties inférieures, l'exigerait, et qui recevraient un empierrement, toutes les fois que cela serait jugé nécessaire.

A la vérité, ce dernier mode de vidange existe déjà dans beaucoup de localités ; mais il faut convenir, en même temps, que les tracés en sont souvent vicieux, offrant parfois des pentes, en pays de montagne, qui s'élèvent jusqu'à 30 et 40 p. % ; que l'entretien de ces voies est à peu près nul, et que la dépense des transports y est beaucoup plus forte qu'elle ne devrait l'être, comme nous l'avons déjà dit.

Ainsi, par exemple, dans la forêt de Fossard, près de Remiremont (Vosges), où les chemins de vidange sont mauvais, le prix du stère s'élève à peine à 5 ou

6f,00, pris à la coupe. A quelques lieues de là, dans la colline de Ventron (canton de Saussure), le stère de sapin, vu la difficulté de l'extraction bien plus grande encore, valait beaucoup moins cher, il y a peu d'années. On a même beaucoup de peine à comprendre comment les bois pouvaient subir une pareille dépréciation. D'après des chiffres qui m'ont été fournis par M. P., un des principaux marchands de bois d'Epinal, le stère de bois de sapin se serait vendu à la coupe, dans la localité que nous venons de désigner, après le façonnage, à raison de 1f,00 le stère, et ce façonnage avait déjà coûté 0f,60 ; il restait donc, en définitive, 0f,40 pour la valeur du stère.

Description du chemin de schlitte du Schluggen (cantonnement de Gérardmer).

1° Pentes sur ce chemin.

On a mesuré à l'éclimètre plusieurs pentes ; les résultats sont consignés dans le tableau suivant :

PENTES :	
EN GRADES.	PAR MÈTRE.
7,92	0,125
8,56	0,135
8,68	0,138
9,50	0,150
8,72	0,138
10,40	0,165
9,06	0,143
8,50	0,134

On voit d'après ce tableau que les pentes sont comprises entre 0,125 et 0,165.

De plus l'inclinaison moyenne est.... 8g ,91.

La pente moyenne .... 0m,141.

2° Pentes aux tournants.

Pour obtenir les pentes aux tournants, on a déterminé d'abord l'inclinaison de AB sur l'horizon, puis la longueur de AB, enfin celle de ADB. Avec ces données, on a pu calculer la différence de niveau des points A et B, et la pente de la ligne ADB. — Ces résultat sont consignés dans le tableau ci-dessous (*Fig.* 37).

TOURNANTS.	INCLINAISON de AB.	LONGUEUR de AB.	DIFFÉRENCE de niveau.	LONGUEUR de ADB.	PENTE sur l'axe.
1er	15g ,00	2m ,45	0m,588	4m ,80	0m ,122
2e	14 ,00	2 ,55	0 ,5712	4 ,20	0 ,136
3e	14 ,54	2 ,50	0 ,58	4 ,55	0 ,127

En prenant une moyenne des résultats ainsi obtenus, on trouve que la pente moyenne sur l'axe aux tournants est de 0,123 p. %, tandis que la pente moyenne le long du chemin est de 0,141.

3° Largeur du chemin.

I. La largeur du chemin est déterminée par la distance des chevilles, laquelle est moyennement de $0^m,80$. Quant à la longueur totale des raffetons elle est généralement de $1^m,00$, et va quelquefois jusqu'à $1^m,10$, et $1^m,15$. Ainsi la partie des raffetons, en dehors des chevilles, est de chaque côté de $0^m,10$.

Largeur du chemin aux tournants.

II. La figure 37 qui représente un tournant indique des accroissements, en largeur, du chemin; on voit donc que la courbe extérieure n'est pas un cercle.

La longueur *maxima* des raffetons à ce tournant est $2^m,05$; elle décroît ensuite progressivement depuis $2^m,05$, jusqu'à 1,00, longueur ordinaire.

Des mesures prises sur un deuxième tournant ont fait voir que sa largeur *maxima* est de $1^m,50$, la longueur correspondante des raffetons étant $1^m,56$.

Il est à remarquer qu'aux tournants dans toute la partie extérieure de la courbe, il ne se trouve pas de fiches pour soutenir les raffetons, ce qui fait qu'en ces points la largeur du chemin diffère très-peu de la longueur des raffetons.

4° Dimension des raffetons.

Nous avons dit que leur longueur ordinaire est.................................. $1^m,00$

Leur largeur moyenne est environ..... $0^m,14$

Leur épaisseur moyenne.............. 0 ,08

Aux tournants, la largeur *maxima* des raffetons ne descend pas au-dessous de $0^m,15$, leur épaisseur est d'au moins $0^m,09$.

5° *Distance entre les raffetons.*

I. Le nombre des raffetons, et par conséquent leur distance, varie avec les pentes. Il augmente ou diminue suivant que la pente est plus ou moins raide. Pour le déterminer, dans les pentes moyennes, on a pris une longeur de 30^{m},00, et l'on a compté le nombre des raffetons compris dans cette longueur. En recommençant à différentes reprises, on a toujours trouvé 72 raffetons pour 30^{m},00; ce qui fait par conséquent 24 raffetons pour 10^{m},00, ou bien 0^{m},42 pour la distance entre les raffetons, d'axe en axe.

Pour les pentes plus fortes on a trouvé que la distance moyenne est de 0^{m},33.

II. On conçoit que le nombre des raffetons doit en effet varier avec la pente; aux pentes raides, le schlitteur a besoin d'un plus grand nombre de point d'appui qu'aux pentes faibles.

Distance des raffetons aux tournants. (*Fig.* 37.)

Des mesurages faits sur deux tournants ont fait reconnaître que leur distance y est plus grande qu'ailleurs; ce qui s'explique tout naturellement, puisque l'on sait qu'aux tournants la pente sur l'axe est moins forte, et que la distance des raffetons varie en raison inverse de la pente.

Remarquons encore ici que plus la pente qui précède un tournant est forte, plus la pente du tournant est faible. Ce qui doit être, car, avec celle-ci, varie l'effort que doit faire le schlitteur pour retenir le traîneau. Cette observation a été faite sur un assez grand nombre de tournants du chemin du Schluggen.

6° Chevilles ou fiches.

Tous les raffetons de ce chemin sont fixés au moyen de 4 fiches, 2 à chaque extrémité, les dimensions de ces fiches ont été mesurées sur un assez grand nombre d'entre elles; elles ont, en général, la forme d'une pyramide triangulaire, et sont tantôt en hêtre, tantôt en sapin, plus généralement de cette dernière essence.

La longueur moyenne des fiches est de $0^m,50$, la largeur de $0^m,08$, la hauteur de $0^m,04$ à $0^m,05$.

Ces fiches sont enfoncées obliquement dans le sol, leurs pointes dirigées vers l'axe du chemin.

7° On observe, à chaque tournant, une perche établie longitudinalement et dans le sens de l'axe du chemin. Elle a pour but d'empêcher le traîneau de dévier, au moment où il descend le tournant.

8° Quant au sentier qui suit le chemin parallèlement, il n'existe pas partout; généralement même il manque. Du reste son utilité, dans le chemin en question, est nulle ou à peu près; car les schlitteurs, quand ils remontent à dos leurs traîneaux, suivent un autre sentier qui conduit bien plus directement au sommet du chemin.

Sur le chemin de schlitte dont on vient de donner la description, on prend $1^f,60$ pour descendre $3^{st.},00$ de bois de chauffage (charge d'un traîneau) à une distance de 5 kilomètres, chargement et déchargement compris. Si nous évaluons à $0^f,25$ ce chargement et ce déchargement, il reste $1^f,35$ pour le transport à 5 kilomètres, et, par conséquent, $0^f,27$ pour 3 stères, ou $0^f,00009$ par stère et pour $1^m,00$ de distance.

Sur un autre chemin de schlitte, dans le canton du Rain-de-Vologne (Gérardmer), et pour une longueur de 1500 mètres, on a pris, pour descendre le bois de 1000 planches ou 50 stères, la somme de 90 fr., soit $1^f,80$ le stère; et pour $1^m,00$ de distance, $0^f,0012$.

Sur le chemin du Schluggen, des renseignements, qui nous ont été fournis sur les lieux, indiquent que l'on paie 80 francs pour descendre, de 130 mètres en hauteur, un mille de planches, ou 50 stères de bois. Le prix du transport d'un stère, qui descend de 1 mètre, est donc égal à :

$$x = \frac{80}{50 \times 130} = 0,0123.$$

Enfin, sur le même chemin, la descente d'une bille de $7^m,33$ de longueur et de $0^m,30$ de diamètre moyen, coûte 2 francs ; elle cube $0^{st},75$. En défalquant le chargement et le déchargement, ce transport se réduit à $1^f,84$ par stère pour un peu moins de 5000 mètres en longueur, et le transport P d'un stère, à x mètres de distance, revient à

$$P = 0^{f},000359\,x + 0^{f},14.$$

L'établissement des chemins de schlitte, dans le même cantonnement, a coûté $1^{f},00$ par mètre courant.

Quant aux frais d'entretien, on peut les évaluer à environ 11 à 12 francs par kilomètre, soit $0^{f},012$ par mètre courant.

ARTICLE 3. — *Transport par voiture jusque sur les scieries.*

Cherchons le prix P du transport par kilomètre et par stère, sur une bonne route descendant des montagnes jusque sur une scierie qui serait placée à 4 kilomètres du point de départ.

En bonne route, en plaine, un chariot ordinaire des Vosges, à un cheval, peut transporter $2^{st.},50$. Si donc, nous admettons cette charge pour la descente, nous serons évidemment au-dessous de la vérité. Admettons-la, cependant, vu la faiblesse des chevaux du pays, et établissons le sous-détail d'un voyage sur la scierie.

Montée à la forêt..............	$1^{heure},00$
Chargement....................	1 ,00
Descente à la scierie...........	1 ,00
Déchargement.................	0 ,25
TOTAL..........	$3^{h.}$,25

On pourra donc facilement faire trois voyages dans

une journée qui est au moins de douze heures de travail *non continu*, et pendant laquelle les chevaux pourront reposer à la forêt, lorsqu'on chargera le bois sur le chariot.

Cela posé, le prix de la voiture à un cheval avec son conducteur ne dépasse pas, dans les Vosges, $5^{f},00$ par jour.

Ainsi donc, le chariot faisant trois voyages par jour à $2^{st.},50$ chacun, et transportant par conséquent $7^{st.},50$ dans la journée, chaque stère coûtera $0^{f},67$ pour quatre kilomètres, ou $0^{f},167$ par kilomètre. Le chargement et le déchargement reviendront à $0^{f},21$.

Je ferai observer encore ici que ce prix serait abaissé, si la charge était plus forte que nous ne l'avons supposée, avec un bon cheval. On aurait donc :

$$P = 0^{f},167\, x + 0^{f},21.$$

Article 4. — *Transport des bois de feu au-delà de 4 kilomètres.*

Nous n'avons encore considéré les bois que comme devant être transportés sur les scieries et pour une distance d'environ 4 kilomètres. Mais si les bois doivent être chariés plus loin, les conditions du transport étant différentes, le prix du transport devra varier aussi.

Un cheval peut conduire par jour, aller et revenir, $2^{st.},50$ à $18^{kil.},00$. Supposons que la journée du chariot à un cheval (conducteur compris) coûte comme

dans les Vosges........................ $5^f,00$
et qu'elle soit de douze heures de travail non continu.

$2^{st.},50$, transportés à $1^{kil.},00$ (aller et revenir) coûteront........................ 0,283
et le stère.............................. 0,112

Le chargement et le déchargement, estimés à $1^h,25$ pour $2^{st.},50$.................. 0,520
et par stère............................ 0,210

Si donc nous représentons par p, le prix du transport du stère à $x^{kil},00$ ce prix sera :

$$P = 0^f,112\,x + 0^f21 \quad (A).$$

Ce prix est exact, quand on fait transporter les bois par des voituriers payés à la journée. Mais, si la vidange d'une coupe se marchande en temps opportun, la concurrence fait baisser les prix, et, d'ailleurs, les voituriers travaillant à leur compte perdent moins de temps ; cependant, la diminution, due à cette activité, ne peut guère porter que sur le temps fixé pour le chargement et le déchargement ; ainsi, au lieu d'employer $1^h,25$ au chargement pour ce travail, ils peuvent parvenir à le faire en moitié moins de temps, de sorte que la formule précédente deviendrait

$$P = 0^f,112x + 0^f,105 \quad (A').$$

Aux environs de Nancy, le prix de la journée de la voiture est plus cher, mais aussi la concurrence est plus grande ; le transport se fait donc à peu près au même prix.

Dans la forêt de Haies, par exemple, pour une distance moyenne de 8kil.,00 de transport, jusqu'à Nancy, on paie par stère................ 1f,00

D'après la formule (A'), on trouverait pour le prix du même transport............... 1f,001

Au surplus, connaissant le prix de la voiture pour une quantité donnée de stères, il sera facile, en suivant la marche que nous venons d'indiquer, de rectifier la formule A' pour chaque localité.

Article 5. — *Transport des bois de construction par terre.*

De Nancy à Saint-Dizier, c'est-à-dire, pour une distance d'environ 96kil.,00, on paie, pour le transport sur chariot, le mètre cube.......... 12f,50

D'après le sous-détail qui suit, on a établi le prix du chargement et du déchargement, et de la mise en chantier du mètre cube.

SOUS-DÉTAIL :

1° Chargement...............			0f,50	
2° Déchargement.............			0 ,15	
3° Mise en chantier	1 bosset de 13 pannes......	1f,00		
	chaque panne de 0m.c.,65.....	0 ,076		
	donc, le mètre cube........		0 ,12	
Total............			0f,77	0f,77

D'après cela, le transport seul coûte pour
96$^{kil.}$,00.............................. 11^{f},731
et pour 1$^{kil.}$,00......................... 0 ,122

Donc, si P représente le prix du transport du mètre cube à $x^{kil.}$,00, on pourra poser :

$$P = 0^{f},122\,x + 0^{f},77 \quad (B).$$

Nous supposons, dans les formules que nous venons de déterminer, que les routes soient bien tracées et en bon état. Il est évident que les prix ne seraient plus les mêmes, si les chemins étaient en tout ou en partie mauvais. Ainsi, par exemple, de la Haute-Vologne, près de Gérardmer, jusqu'à Epinal, et pour environ 35$^{kil.}$,00 de chemin, le transport du mètre cube revient à........................ 8^{f},00
soit 0^{f},23 par kilomètre. Donc, en ajoutant à cette somme, le prix du chargement, du déchargement et de la mise en chantier que nous avons trouvé tout à l'heure égal à 0^{f},77, nous pourrons, pour $x^{kil.}$,00 poser la formule :

$$P = 0^{f},23\,x + 0,77 \quad (C).$$

Ce prix, comme on le voit, est plus fort que le précédent. Il doit son élévation aux difficultés que présentent les mauvais chemins pendant à peu près la moitié du trajet.

Article 6. — *Transport des planches par terre.*

De Nancy à Saint-Dizier, et pour une distance de 96$^{kil.}$,00, on paie par terre, pour le cent de planches.................................. $22^f,00$

Le chargement vaut............ $0^f,40$

Le déchargement.............. $0\ ,20$

L'empilage soigné, comme on le pratique dans les grands dépôts..... $0\ ,25$

Total........... $0^f,85$ $0^f,85$

Donc, pour $96^{kil.},00$, le transport seul vaut.................................. $21^f,15$

Et pour $1^{kil.}$.......................... $0\ ,22$

Si donc p représente le prix du transport du mètre cube pour $x^{kil.},00$ on aura :

$$P = 0^f,22\,x + 0^f,85 \qquad (D).$$

§ II.

FLOTTAGE.

Nous venons de donner les moyens de calculer les prix du transport des bois, depuis le sommet des montagnes d'abord jusqu'aux scieries, soit qu'on les fasse glisser sur des chemins de schlitte, soit qu'on leur fasse suivre les chemins ordinaires en terre. Nous avons ensuite donné des formules pour les transports à des distances plus grandes, par terre. Or, il est très-important de pouvoir établir la comparaison entre ces prix par terre et ceux que coûterait le transport de ces mêmes bois par le flottage, si la localité offrait un cours d'eau flottable. Nous allons donc établir les prix des diverses espèces de flottage.

ARTICLE 1er. — *Flottages à bûches perdues sur les ruisseaux.*

1° Le flottage d'un décastère de bois de chauffage (1), à bûches perdues à 3 ou 4 lieues, ou 14kil.,00 sur les ruisseaux ou rivières affluents de l'Yonne, et sur la haute Yonne, jusqu'à un port flottable, coûte (compris frais de lançage, coulage, tirage hors de l'eau, etc.) 7f,00

D'où le stère, pour 14kil.,00 0,70

Et pour 1kil.,00 0,05

Donc si P représente le prix du flottage du stère à une distance $x$kil.,00 on aura :

$$P = 0^f,05\,x. \qquad (E)$$

2° Pour un trajet de 10 à 25 lieues (40 à 100kil.,00), le transport du décastère s'élève jusqu'à... 15f,00

Donc le stère coûte pour un 1kil.,00.... 0,021

et à distance $x$kil.,00, nous aurons

$$P = 0^f,021\,x. \qquad (F)$$

L'auteur auquel nous avons emprunté ces chiffres établit que, lorsque les bois sont à une distance du port flottable en trains, pour laquelle on peut faire deux voyages par jour avec un chariot, il y a encore du bénéfice, une fois que la voiture est chargée, à continuer à cheminer par terre jusqu'au port flotta-

(1) Thomas, t. II, p. 255.

ble, plutôt que de lancer les bois sur le ruisseau voisin.

3° Le flottage à bûches perdues qui se pratiquait autrefois sur la Meurthe et sur ses affluents, n'est plus guère en usage aujourd'hui. Il s'est restreint à celui que fait exécuter pour son compte et par des ouvriers à la journée, la cristallerie de Baccarat.

Le transport du stère pour une distance d'environ $24^{kil.},00$, tout compris, coûte............ $1^f,00$

Donc, ce flottage revient, tout au plus par stère et par kilom., à.................. $0^f,042$ c'est-à-dire, un peu moins cher que sur les affluents de l'Yonne. Pour une distance de $x^{kil.},00$, on aura donc sur la Meurthe

$$P = 0^f,042\,x \qquad (G).$$

Pour la distance de $24^{kil.},00$ dont il est question ici, il y aurait donc par stère, d'après la formule (A'), une économie, sur le transport par terre, de. $1^f,79$
et si l'on suppose qu'il s'agisse de $5000^{st.},00$ par an, le boni annuel est............. $8950^f,00$

Si l'on en déduit $^1/_{20}$ de la valeur du bois pris à la forêt, pour la dépréciation qu'il subit par ce flottage, qui ici ne dure pas longtemps, on aura le bénéfice définitif.

4° Jusqu'à l'époque où la saline de Moyenvic a cessé de marcher, c'est-à-dire, jusqu'en 1830, cette usine faisait flotter jusque Moyenvic, chaque année,

30000st.,00 de bois de chauffage, sur le canal de flottage exécuté à ses frais.

Ce canal partait de l'étang de Réchicourt, arrivait jusqu'à celui de Lagarde, sur une longueur de.................................. 9kil.,00

Là, les bois étaient voiturés par terre jusqu'à Ommerey et sur une distance de.. 3 ,50

A Ommerey, le canal reprenait jusqu'à Moyenvic, sur une distance de.......... 14 ,00

Distance totale.......... 26kil.,50

La partie du trajet où les bois étaient transportés sur des chariots coûtait plus cher que le flottage; négligeons néanmoins cette différence.

Or, le stère de bois, pris à la forêt de Réchicourt, coûtait au moins, en 1830............... 5f,00

Rendu à la saline de Moyenvic, il revenait à.............................. 6 ,00

Le transport du stère, pour 26kil.,30, coûtait donc............................ 1 ,00

et pour 1kil.,00......................... 0 ,138

C'est-à-dire, un peu moins que sur la Meurthe, et il en devait être ainsi, car, sur un pareil canal, les bords réguliers, la hauteur d'eau et la vitesse constantes devait rendre le flottage plus facile que sur une rivière irrégulière.

Sur les canaux de flottage, dans une localité où la main-d'œuvre serait au même prix qu'à Moyenvic, pour $x^{kil.}$,00, le prix du flottage à bûches perdues serait donc :

$$P = 0^f,038\ x. \quad (H)$$

Le bénéfice annuel sur le transport par terre, pour les 30000$^{st.}$,00 de la saline, s'élevait, d'après la formule (A'), à la somme de............. 89040f,00

Si l'on admet que ces bois, vu leur peu de séjour dans l'eau, ne perdaient que le $\frac{1}{20}$ de leur valeur par le flottage ou..... 7500 ,00

Le boni était encore de............ 81540f,00

Article 2. — *Flottage des bois de feu en trains.*

On flotte en trains depuis *Armes*, sur l'Yonne, jusqu'à Paris.

Nous allons (d'après **M. Thomas**, t. II, p. 323) donner le devis sommaire de la confection d'un train de bois de chauffage et de sa conduite d'Auxerre jusqu'à Paris, pour une distance de soixante-onze lieues en rivière, correspondantes à cinquante-deux lieues par terre :

Le train complet renferme 20 décastères.

Fournitures et main-d'œuvre.

Prix des *étoffes* de flottage..........	162f,80
Confection du train................	46 ,00
Confection des *ustensiles*.............	20 ,00
Total.............	228f,80
La *débacle* des étoffes se vendant à Paris.	75 ,00
La dépense réelle se réduit à..........	153f,80

Conduite du train.

D'Auxerre à Paris..................	$130^f,30$
Frais imprévus....................	6 ,00
Total............	$136^f,30$

La conduite du train, pour $284^{kil.},00$ en rivière, coûtant $136^f,30$, cette même conduite coûte, par kilomètre.......................... $0^f,48$

Mais ce train renferme $200^{st.},00$, donc le transport seul du stère, par kilomètre, reviendra à........................ 0 ,0024

En second lieu, pour $200^{st.},00$, la confection du train coûtant $153^f,80$; pour 1 décastère, elle coûtera..................... 7 ,69

Et pour 1 stère..................... 0 ,769

Le prix P du transport en trains, pour x kilomètres, sera donc :

$$P = 0^f,0024\,x + 0^f77. \quad (I)$$

Un train peut encore, quand les eaux sont bonnes (Thomas, t. II, p. 324), porter en charbons, vins, pierres et autres marchandises, un poids égal à plus de la moitié de celui du bois.

Si le transport des bois se fait, d'Auxerre à Paris, sur des bateaux, il coûte plus de cinq fois plus cher (d'après le même auteur).

Tels sont les avantages que l'on doit au flottage en trains pour des distances considérables. Cependant, si on veut comparer exactement ce mode de transport au transport par bateaux, il faudra en défalquer :

1° La dépréciation que les bois éprouvent par le flottage et que M. Thomas estime au $\frac{1}{10}$ de la valeur de ces bois.

2° L'intérêt à 5 p. % perdu pendant un an de la valeur des mêmes bois.

Si donc A représente la valeur des bois non flottés, par le fait, le flottage, indépendamment du prix,

$$P = 0^f,0024\,x + 0^f,77$$

aura coûté encore, par stère,

$$\frac{A}{10} + \frac{A}{20} = 0^f,15\,A\,;$$

et, en appelant P′ le prix total,

$$P' = 0^f,0024\,x + 0^f,77 + 0^f,13\,A. \qquad (L)$$

Supposons que les bois partent d'Auxerre à 71 lieues ou 284 kilomètres de Paris; nous aurions par le prix du flottage :

$$P = 1^f,45.$$

Donc le flottage coûterait, pour cette distance, en tout :

$$P' = 1^f,45 + 0^f,15\,A.$$

Soit $A = 12^f,00$.

La valeur (L) deviendrait $3^f,25$.

Mais, d'après M. Thomas, le prix par bateau est 5 fois plus cher que celui du flottage qui est ici $1^f,45$; il serait donc, dans le cas qui nous occupe, égal à $7^f,25$. L'économie due au flottage en trains jusqu'à Paris, serait donc égale par stère à $4^f,00$, si toutefois nous n'avons rien omis. Les hommes spéciaux seuls pourront en juger. Il ne faut pas oublier d'ailleurs que les droits sont déjà compris dans la valeur de $P = 1^f,45$.

ARTICLE 3. — *Flottage des bois de construction sur les ruisseaux.*

On flotte en trains les bois de construction sur la haute Meurthe et sur plusieurs de ses affluents jusqu'à Raon-l'Etape. Ce flottage n'exige qu'un *empaquetage*, dit de *montagne*, qui est fort simple et peu coûteux. Arrivés à Raon-l'Etape et simplement déposés sur le rivage, les bois sont de nouveaux empaquetés plus solidement et dirigés en plus grands trains, jusqu'à Nancy, Metz, etc. Aussi le commerce, vu le bon marché de l'empaquetage, n'en établit pas le sous-détail et renferme dans un seul et même prix cet empaquetage, la conduite, le tirage hors de l'eau et le dépôt sur le bord.

Voici le prix du flottage sur les principaux affluents :

1° Sur le Rabodeau et pour une distance d'environ $30^{kil.},00$ de ruisseau, on paie $1^f,75$ pour 7 pannes, chacune d'environ $13^m,00$ de longueur, sur $0^m,21$, sur $0^m,24$.

Chaque panne vaut donc $0^{m.c.},65$ et coûte de transport . . . . $0^f,25$

Donc le mètre cube coûte de transport, pour $30^{kil.},00$ . . . . 0 ,385

Et pour $1^{kil.},00$ . . . . 0 ,013

2° Sur le ruisseau de Ravines et pour une distance d'environ 16 kil.,00, 7 pannes coûtent.................................. 1 ,25

Donc la panne de 0m.c.,65 coûte........ 0 ,18

Donc le transport du mètre cube à 16kil.,00 revient à............................ 0 ,28

Et pour 1kil.,00 à.................... 0 ,017

3° Sur la Plaine, pour une distance d'environ 48kil.,00, 5 pannes coûtent de transport.............................. 1 ,25

Donc le flottage de la panne de 0m.c.,65 coûte.............................. 0 ,25

Donc le mètre cube, pour 48kil.,00, revient à............................... 0 ,38

Et pour 1kil.,00, à.................... 0 ,008

Si donc P représente le prix du flottage du mètre cube, tout compris, on pourra poser :

$$P = 0^{f},0136\, x \quad (M).$$

En comparant ce prix à celui du transport par terre (*B*) à une distance de x kilomètres, il est évident qu'il y a avantage à flotter pour toutes les distances, d'autant plus que les bois de construction ne sont pas détériorés par le flottage.

Article 4. — *Flottage des bois de construction en grande rivière.*

D'après les renseignements qui nous ont été fournis, comme les précédents, par des marchands de bois et des maîtres flotteurs, le prix moyen du transport par eau du mètre cube de bois de construction, de Raon-l'Etape à Nancy, Pont-à-Mousson et Metz, est $1^{f},62$. Comme Nancy est, de ces trois villes, la plus proche du point de départ, nous admettrons que pour sa distance à Raon, ou $90^{kil.},00$, on paie $1^{f},62$ (empaquetage compris), or; ce prix est établi ainsi qu'il suit :

SOUS-DÉTAIL :

1° *Empaquetage.*

Pour cinq bossets contenant en tout 75 pannes :

1° 1 journée d'ouvrier..........	$1^{f},50$	
2° 5 travers....................	0 ,75	
3° 100 harts....................	3 ,00	
Total..........	$5^{f},25$	
Donc la panne de $0^{m.c.},65$ revient d'empaquetage à................	$0^{f},07$	
Donc le mètre cube à...........		$0^{f},11$

2° *Conduite.*

1 bosset de 15 pannes...........	$13^{f},25$	
Donc la conduite de la panne de $0^{m.c.},65$.......................	0 ,88	
Donc le mètre cube à...........		$1^{f},35$
Total du flottage du mètre cube.		$1^{f},46$

Cependant, comme les prix ci-dessus sont quelquefois trop faibles, nous adopterons le chiffre $1^{f},50$

pour la conduite, ce qui portera à $1^f,62$ le prix total du flottage, et nous serons certains de ne pas être au-dessous de la vraie valeur, dans tous les cas.

D'après ce que nous venons de dire, le flottage seul par mètre cube coûtant $1^f,50$ pour $90^{kil.},00$ la conduite par mètre cube et par kilomètre sera $0^f,0166$.

C'est-à-dire, un peu plus cher que sur les ruisseaux pour lesquels nous avons trouvé $0^f,013$.

Donc le prix du flottage en grande rivière, pour $x^{kil.},00$ mètres, sera :

$$0^f,0166\,x + 0^f,11.$$

Mais à ce prix il faut encore ajouter, pour que le bois soit en chantier, le tirage hors de l'eau et la mise enchantier.

Tirage hors de l'eau.

SOUS-DÉTAIL :

13 pannes de $0^{m.c.},65$ chacune, coutent $2^f,00$
Donc la panne.................... 0 ,15
Donc le mètre cube................ $0^f,23$

Nous avons établi, dans le prix du transport par terre, la mise en chantier à $0^f,12$, le bois étant transporté sur le chantier ; mais, comme les chantiers des bois flottés ne sont pas toujours tout à fait au bord de l'eau, il faut encore tenir compte de leur petite distance; nous estimerons donc la mise en chantier du mètre cube de bois flotté à.................... $0^f,16$

Ainsi, en ajoutant ces deux chiffres $0^f,23$ et 0^f16 à celui de l'empaquetage, nous aurons, pour le prix P du flottage du mètre cube,

$$P = 0^f,0166\, x + 0^f,50 \qquad (N).$$

Ce prix étant, comme on le voit, inférieur à celui du transport par terre, il est évident qu'il y a, dans beaucoup de cas, avantage à flotter les bois de construction, malgré les frais d'empaquetage.

Si, comme dans certains pays, sur la Murg (Bade), par exemple, on flotte les billes à *billes perdues*, le bénéfice est encore plus grand; car il faut, du prix précédent, retrancher l'empaquetage $0^f,11$.

Sur l'Yonne et la Seine, jusqu'à Paris, pour 71 lieues en rivière ou $284^{kil.},00$, la solive de chêne revient de transport à $0^f,70$ ou $0^f,80$, donc le mètre cube à........................... 7 ou $8^f,00$

Le mètre cube du bois d'un train, dit de Champagne et fabriqué dans la haute Seine, coûte, de flottage, de Brienne à Paris............ 11 à $12^f,00$

Le flottage sur les canaux de Briare et d'Orléans est plus cher.

ARTICLE 5. — *Flottage des planches sur les ruisseaux.*

Quand on flotte les planches sur les ruisseaux affluents de la Meurthe et sur la haute Meurthe, au-dessus de Raon-l'Etape, les bossets sont, comme pour les bois de constructions, empaquetés économiquement. Ces planches, à leur arrivée à Raon-l'Etape, sont déballées et assemblées, de manière à former des bossets plus solides, destinés à naviguer jusqu'à Nancy, Pont-à-Mousson et Metz. Le prix du transport par eau, jusqu'à Raon, comprend l'empaquetage, la conduite, le déballage, le tirage hors de l'eau et le dépôt des planches sur les bords de la rivière. Il est donc difficile de diviser ces frais divers. Or :

1° Sur le Rabodeau, le flottage du cent de planches ordinaires (1) coûte, pour environ 40kil.,00 en rivière, la somme de.................... 1f,35

2° Sur le ruisseau de Ravines, le cent de planches coûte de transport, pour environ 16kil.,00.............................. 1 ,00

3° Sur la Plaine, et pour 48kil.,00, le flottage du cent de planches revient à........ 1 ,55

Donc, sur ces ruisseaux, le flottage du cent de planches par kilomètre, coûte en moyenne 0 ,043

Pour le transport des planches par terre, nous avons admis qu'aux chantiers de Nancy, où l'empilage se fait avec soin, cet empilage se payait 0f,50. Puisque nous en avons tenu compte, pour nous placer ici dans les mêmes circonstances, il faut évaluer aussi l'empilage à Raon. Or, en cette ville, l'empilage se fait en *couteaux*, c'est-à-dire, d'une manière fort

---

(1) La planche ordinaire a de longueur 3m,57, de largeur 0m,244, et d'épaisseur 0m,27. Son volume est donc de 0m.c.,0215,

expéditive, et on ne peut en estimer la main-d'œuvre au-dessus de.......................... 0f,25

C'est donc cette somme qu'il faut ajouter à la première que nous venons de trouver, de sorte que, pour une distance de x kilomètres, nous pourrons poser :

$$P = 0^f,043\,x + 0^f,25. \quad (O)$$

Article 6. — *Flottage des planches en grande rivière sur la Meurthe.*

Depuis Raon-l'Etape jusqu'à Metz et sur une étendue de plus de 40 lieues de poste, ou 160kil.,00 en rivière, le transport du cent de planches ordinaires coûte 5f,00, compris l'empaquetage et les fournitures des harts et travers.

Mais il faut observer ici, comme pour les bois de construction, que, lorsque les planches s'arrêtent aux ports de Nancy et de Pont-à-Mousson, le flottage se paie encore le même prix. Ainsi, de Raon-l'Etape à Nancy, c'est-à-dire, pour 90kil.,00, le prix est toujours.............................. 5f,00

Il en est de même pour le flottage d'Epinal à Toul, et pour à peu près la même longueur en rivière.

Donc le transport seul du cent de planches, pour 90kil.,00, vaut.......................... 3f,77

Et pour 1kil.,00...................... 0 ,042

Quant à l'empaquetage, son prix peut s'établir ainsi :

SOUS-DÉTAIL :

Sept bossets de planches comprenant en tout 1260 planches, coûtent d'empaquetage, au port de Raon-l'Etape :

1° 2 journées d'ouvriers à.	$1^f,50$	$3^f,00$
2° 14 travers à..........	$0\ ,15$	$2\ ,10$
3° 260 harts, le cent à.....	$4\ ,00$	$10\ ,40$
Total.........		$15^f,50$

D'où le cent de planches.............. $1^f,23$, les planches étant rendues au bord de l'eau qui baigne le pont d'Essey à Nancy.

A ce prix, il faut ajouter celui du tirage hors de l'eau et de l'empilage, estimé à............ $0^f,50$

Donc, pour x kilomètres, la formule du prix du transport du cent de planches sera :

$$P = 0^f,0,43\,x + 1^f,73. \quad (P)$$

Si nous voulons comparer ce prix à celui du transport par terre, il faut nous rappeler que ce dernier a fourni la relation (D)

$$P = 0^f,22\,x + 0^f,85.$$

ARTICLE 7. — *Manière de comparer les différents genres de transport.*

D'après les formules qui viennent d'être établies pour fixer le prix des différents genres de transport des bois, pour l'unité de distance, il sera possible de décider quel sera celui de ces transports qu'on doit préférer, dans les conditions particulières où se trouvent placées une ou plusieurs forêts de l'Etat.

Mais si l'on veut obtenir, à ce sujet, des résultats vraiment satisfaisants et assez positifs pour qu'un agent puisse, sans hésitation, proposer l'établissement d'une voie de transport préférablement à une autre, il faudra avant tout connaître la possibilité des cantons forestiers desservis par cette voie.

Cette possibilité étant fixée, on devra calculer la dépense de premier établissement de la voie et le capital représentant son entretien annuel normal.

Ensuite évaluer, le plus exactement possible, le bénéfice qui résulterait de l'exécution du projet, par mètre cube d'industrie et par stère de chauffage.

On déduira, de ces données, d'abord le boni annuel, et, de là, le taux du placement du capital qu'on devra engager dans les travaux nécessaires pour l'établissement de la voie de transport, et dans leur entretien.

Et pour savoir, en définitive, si cette voie est préférable à une autre, on sera tenu de se livrer aux mêmes calculs pour cette autre voie; il ne restera plus évidemment qu'à comparer ces deux taux ainsi déterminés, et à donner la préférence à la voie de transport à laquelle correspondra le taux le plus élevé. En général, jusqu'ici on a été loin de procéder avec cette régularité, dans l'appréciation des avantages que l'Etat peut avoir à espérer de l'établissement des voies de transport, et, au cas particulier, du flottage; on s'est trop hâté de se proposer quelquefois de le remplacer par le transport par terre.

Ainsi, par exemple, si, abandonnant le flottage sur un ruisseau, on lui a substitué le transport par chariot sur une route forestière qu'on a été obligé d'établir à prix d'argent à côté du ruisseau, sous prétexte que les bois, sur cette bonne route, seraient beaucoup moins détériorés que par un mauvais flottage dans un cours d'eau devenu irrégulier et sauvage, par défaut d'un entretien convenable; il aurait fallu apprécier, d'une part, les frais du rétablissement d'un bon flottage, la dépréciation des bois et le taux du capital engagé dans cette spéculation, et le comparer ensuite à celui du placement du capital à engager sur la route qu'on lui voulait substituer : seulement alors on aurait pu décider, en connaissance de cause, de quel côté était véritablement l'avantage.

Les dépréciateurs du flottage ne manquent pas de jeter constamment en avant la dégradation que subissent les bois, les planches surtout, lorsque touchant souvent sur les galets, dans un cours d'eau dont le flot n'a pas la hauteur voulue, ils s'impreignent, à leur surface, d'une certaine quantité de sable qui les fait rebuter par les ouvriers, non pas parce que la qualité du bois en est altérée, mais parce que leurs outils s'en trouvent endommagés. Cette dépréciation est incontestable, avec un mauvais flottage, mais pour renoncer définitivement à celui-ci, il faudrait commencer par calculer, si les travaux à exécuter pour faire disparaître ces inconvénients n'entraîneraient qu'à une dépense minime, relativement aux plus values qui en résulteraient, et si, en définitive, on ne ferait pas ainsi un placement avantageux des deniers de l'Etat.

Or si l'on se rend compte des frais d'établissement de flottage, comparés à ceux d'une route de terre, il y a un très-grand nombre de cas où l'avantage reste évidemment au premier de ces modes de transport.

Ainsi, par exemple : si l'on doit s'en rapporter à l'opinion des hommes spéciaux, les quantités de planches et de mètres cubes de bois d'industrie qui descendent sur Epinal chaque année, seraient doublées, quand le flottage dont je parle serait rendu praticable ; le boni annuel qui en résulterait s'élèverait à une somme correspondante à un capital fort considérable.

Il est inutile d'insister sur l'importance de ces résultats.

Il appert de tout ce qui a été dit sur le transport des bois, que si les bois perdent un peu de leur force par le flottage, d'un autre côté, ils sont moins sujets à être piqués des vers, et, somme toute, le flottage nous paraît être le mode de transport le plus avantageux. Il en est de même pour les planches (1) qui sont d'un bien meilleur usage, après les deux flottages qu'elles subissent pour arriver jusqu'à Paris.

Ainsi donc, toutes les fois que des ruisseaux coulent au milieu de vallées entourées de forêts de bois résineux d'une certaine étendue, il y aurait avantage, même quand les chemins par terre existent déjà et sont en bon état, à entreprendre les travaux nécessaires, pour que le flottage soit organisé sur ces ruisseaux.

Dans beaucoup de circonstances, des travaux analogues devront être entrepris, comme sur l'Yonne, pour prolonger sur les rivières le flottage des ruisseaux, non-seulement pour les planches et les bois de construction, mais encore pour les bois de feu, quand, pour ces derniers, les distances dépassent 23 à $24^{\text{kil.}},00$.

Au surplus, ces avantages avaient été depuis longtemps reconnus dans plusieurs provinces de France, et particulièrement en Lorraine. Les anciens ducs, le maréchal de Vauban, le roi Stanislas, l'intendant

---

(1) Si les planches flottées jusqu'à Paris ont à supporter une concurrence redoutable des bois du Nord, c'est surtout parce que ceux-ci arrivent débités en madriers de toutes épaisseurs, largeurs et longueurs, et ne causant à l'ouvrier qui les emploie, que les plus petites chutes possibles, et, en second lieu, parce que leur grain est très-fin et que leur prix est peu élevé.

de Calonne, l'ingénieur en chef Lecreux se sont occupés de ces questions, et nous n'avons fait rien autre chose que d'apprécier en chiffres l'économie que le flottage peut produire aujourd'hui, et dont profitaient autrefois les princes de Salm, les abbayes de Senonnes, de Moyen-Moutiers, d'Etival, d'Erival et de Remiremont, etc., sur les territoires qui leur appartenaient, et où le flottage a été en vigueur pendant plusieurs siècles. Depuis longtemps, des projets tendant à rendre flottables les ruisseaux et les rivières des montagnes des Vosges, avaient été proposés pour concourir à l'amélioration de la navigation générale du pays. Aujourd'hui, l'exécution du canal de la Marne au Rhin et le projet étudié et approuvé de celui qui réunirait la Moselle à la Saône, à la Meuse et à la Marne, appellent de nouveau et tout naturellement l'attention sur la question des flottages qui doivent s'y relier et qu'il conviendrait d'organiser d'une manière normale, *surtout sur les ruisseaux*. Or, les ingénieurs des ponts et chaussées se sont encore peu occupés de cette dernière partie de la question, et c'est précisément à cause de cela qu'on doit espérer beaucoup d'améliorations dans ce service.

Mais, avant d'entreprendre des travaux dispendieux, il est de toute nécessité qu'on puisse établir une balance exacte entre les dépenses et les bénéfices probables qu'ils procureront ; et comment pourrait-on y parvenir, sans des formules du genre de celles que nous avons calculées et qu'il est facile de faire plier à chaque localité ? Par leur secours, au contraire, on pourra toujours, en suivant la marche que nous avons indiquée dans les deux exemples précédents, décider si les projets étudiés doivent être mis à exécution.

ARTICLE 8. — *Tracés vicieux.*

C'est encore ici le lieu de faire quelques rapprochements pour apprécier la perte qui peut résulter, pour l'Etat, d'un tracé vicieux qui ne suit pas une déclivité à peu près régulière. Si par exemple, après avoir fait descendre la route, jusqu'à un certain point de la forêt, on la fait ensuite remonter jusqu'à un point donné avec une certaine rampe, il est utile d'examiner quel excédant de dépense, cette disposition peut entraîner, relativement à celle d'un transport horizontal.

Pour fixer nos idées, supposons qu'un tracé de route forestière venant aboutir à une propriété particulière enclavée dans la forêt, on soit obligé de faire passer (et avec une rampe de $0^m,08$ p. m., et sur une distance de 300 mètres) la route au-dessus de cette propriété : on peut se demander, s'il ne serait pas plus avantageux d'acheter le passage au milieu de cette *enclave*.

Or le tableau des expériences de traction sur les diverses rampes du Donon (*page* 17) nous permet de résoudre cette question, avec une exactitude suffisante. Car il fait connaître les temps nécessaires pour parcourir l'horizontale et sur une pente de $0^m,08$ p. m.

On y voit que, pour monter sur cette rampe, il faut à deux chevaux un temps qui serait, à celui du transport horizontal, comme 17,84 est à 14,06, c'est-à-dire que la dépense de force, en montant, serait les $\frac{35,68}{14,06}$ de celle qu'exigerait la traction horizontale. On peut d'ailleurs calculer la dépense de traction pour 300^m, dans ce dernier cas, au moyen des formules du transport par terre. Si P en est le prix, celui du transport sur la pente de $0^m,08$, que nous appèlerons P', sera $P' = 2,50$ P; en appliquant cette valeur de P' au nombre de mètres cubes qui devront passer annuellement par cette route, on aura là perte annuelle qui, capitalisée, indiquera le capital total perdu.

CHAPITRE VIII.

RÉSERVOIRS PLACÉS A DES POINTS ÉLEVÉS DES FORÊTS DOMANIALES.

Après la lecture des chapitres qui précèdent, il est impossible de ne pas saisir tous les avantages que présente le flottage sur les autres genres de transports, et en même temps, on comprend qu'on peut organiser un flottage normal sur un certain nombre de ruisseaux ou de petites rivières, soit en établissant, de distance en distance, des barrages fixes très-bas, ou des barrages mobiles dont la hauteur n'excède guère $0^m,80$ à $0^m,90$, soit en emmagasinant les eaux dans un ou plusieurs réservoirs d'alimentation.

Examinons, à présent, s'il est absolument indispensable que ces étangs soient immédiatement placés au-dessus des ports d'empaquetage. Assurément, si, lorsque les trains sont prêts à partir, on n'a qu'à lever les vannes d'un ou de plusieurs batardeaux tout à fait voisins pour obtenir la hauteur d'eau nécessaire, cette disposition procure la manœuvre la plus économique et la plus expéditive. Mais, d'autre part, il faut remarquer que ces réservoirs exigent une certaine étendue de terrain que, la plupart du temps, il faut acheter cher; que de plus, si la partie du cours du ruisseau en amont de ces réservoirs est susceptible de devenir torrentiel, les digues courront la chance d'être enlevées, un jour ou l'autre, par la violence des eaux, à moins qu'on ne les ait établies sur le flanc du coteau et à l'abri des attaques du ruisseau. Or, cette disposition n'est pas toujours possible, à cause de la constitution du terrain et ensuite elle devient plus coûteuse.

Il peut donc souvent y avoir avantage à rechercher si l'on ne peut et si l'on ne doit même pas les reléguer plus haut sur le territoire forestier.

Pour cela, nous commencerons par tenir compte de la position d'un bon nombre de forêts domaniales, en pays de montagnes. Ces forêts sont reléguées sur les sommets des chaînes; car les habitants des vallées ont fini, à force d'envahissements incessants de leur part ou de concessions de la part des seigneurs, par en reculer les limites inférieures. Or, il y a fréquemment, dans ces forêts domaniales, un certain nombre de places qui semblent disposées, comme tout exprès, pour les réservoirs d'alimentation dont nous venons de parler.

Pour reconnaître ces places, il suffira souvent de retrouver les points de la forêt où existaient, il y a plus ou moins longtemps, de petits lacs naturels ou des étangs artificiels, dont les digues ont été détruites, particulièrement, depuis que la manie fatale de remplacer les prairies par des terres cultivées en céréales a fait rétrograder l'agriculture française, si bien comprise par les administrations des maisons religieuses ; tandis qu'en suivant une marche diamétralement opposée, l'Angleterre est arrivée, sous ce rapport, à une haute perfection. Dans tous les lieux où l'on a détruit les réservoirs par une simple coupure dans la digue naturelle ou artificielle, des travaux d'une importance minime suffiraient pour remettre les choses dans leur ancien état. Examinons donc s'il n'y aurait pas plus d'avantage à entreprendre ces travaux qu'à laisser les choses telles qu'elles sont aujourd'hui.

Et avant tout, apprécions la valeur du sol forestier à ces endroits qui étaient recouverts par les eaux des lacs naturels ou des étangs dus à la main de l'homme. Or, presque toujours, dans ces retenues d'eau, le fond s'était, à la suite des temps, peu à peu considérablement exhaussé par la multiplication incessante des plantes, en majeure partie du genre des conferves, et dont les dépôts ont fini par y créer des tourbières. La forêt domaniale de Fossard, que nous avons déjà citée plus haut, présente d'une manière fort nette chacune de ces circonstances, et toutes les personnes qui ont visité de pareilles localités ont pu reconnaître, au premier examen, que ces lieux marécageux et malsains ne laissent venir que quelques arbres rabougris dont la valeur est à peu près nulle. Ainsi donc déjà, il est clair qu'on ne doit pas être arrêté par la crainte de diminuer l'étendue du territoire productif de la forêt et qu'il y aurait, en établissant des réservoirs d'alimentation à ces points, indépendamment du produit de la pêche de ces réservoirs, une économie qu'on peut regarder, à très-peu de chose près, comme égale à la valeur des terrains que, sans cela, on serait forcé d'acquérir ou de sacrifier en amont du port d'empaquetage, là précisément où ces terrains en dehors de la forêt, souvent utilisés en prairie, ont une valeur considérable. On voit donc ici que l'abandon du sol et les travaux nécessaires pour les convertir en réservoirs exigeraient de faibles sacrifices de la part de l'administration. Et d'ailleurs, on crée ainsi à la longue des tourbières dont la valeur augmente considérablement depuis que l'on a reconnu que la tourbe pouvait être utilisée dans les hauts-fourneaux.

A défaut de ces anciens étangs ou lacs naturels, il y aurait avantage à en établir de nouveaux ; et ici je m'empresserai de dire qu'en Allemagne, dans le pays de Bade, par exemple, on l'a déjà fait, et qu'il existe de pareils réservoirs de très-grandes dimensions dans la haute Autriche. J'insiste sur cette circonstance, pour faire voir d'abord que les améliorations que nous proposons ne sont plus dans d'autres pays à l'état de projets, mais qu'elles doivent être classées dans le domaine des réalités. Cela bien compris, quelles sont les places qu'on devrait choisir de préférence pour y asseoir ces réservoirs?

Or, l'expérience fait reconnaître qu'il y a, au sommet des chaînes, des places tout à fait convenables pour cela. En effet, à chaque col de passage, on rencontre ordinairement un vallon plus ou moins étroit, offrant parfois à son sommet une surface, à peu près horizontale, sur laquelle coulent les eaux que les pluies ont déversées sur les deux sommets voisins. Si des fragments de rochers, coulant de ces têtes dans le vallon et mêlés à la terre que les eaux entraînent, viennent à obstruer à la longue ses deux extrémités, il s'y forme tout naturellement un lac. Telle est, en effet, fréquemment, la position de ces lacs qu'on rencontre en pays de montagne (1). On pourrait donc, à peu de frais et avec des levées régulièrement construites, imiter l'exemple donné par la nature dans ces parties des chaînes de montagnes les plus hautes, comme les plus abaissées.

Après cela, au-dessous de ces cols, les vallées offrent aussi, dans leur thalweg, des dispositions de terrain favorables à l'établissement d'un certain nombre de

---

(1) La partie de la chaîne des Vosges comprise entre Munster, Béfort, Remiremont, Epinal et Fraize est très-richement dotée en ce genre ; on y compte jusqu'à 13 lacs de diverses grandeurs, dont le plus grand, celui de Gérardmer, offre une superficie d'environ 160 hectares.

barrages successifs ; c'est principalement dans les endroits où le lit, resserré entre de hautes roches, peut être barré par des constructions de peu d'étendue. On parvient ainsi par des biefs, les uns au-dessous des autres, à ôter à un cours d'eau une grande partie de sa rapidité torrentielle.

En effet, un étang n'est autre chose qu'un plan d'eau horizontal, dans lequel la vitesse est sensiblement nulle; et si la chute par-dessus le déversoir est à peu près verticale, la vitesse de l'eau recommence seulement à partir du bas de cette chûte. En rapprochant les barrages, on pourra donc beaucoup diminuer la vitesse, s'opposer en même temps aux ravages du torrent et emmagasiner, en hiver au moment de la fonte des neiges et à la suite des orages, une quantité d'eau considérable dont on disposera quand on en aura besoin. « Combien de vallons, s'écrie à ce sujet » M. de Gasparin, où l'eau s'écoule après les pluies, » sans fruit pour la culture et presqu'à son plus grand » dommage, et qui se changeraient ainsi en réservoirs » précieux ! » On retrouve, en Espagne, les vestiges d'un grand nombre de travaux de ce genre exécutés sous la domination des Maures.

Il est bon d'observer d'ailleurs que ce ne serait pas seulement au flottage que ces réserves pourraient servir; car les scieries de l'administration, qui fournissent des trains de planches à ce dernier, chôment souvent pendant les sécheresses, faute d'eau en quantité suffisante.

Il nous suffira d'un exemple pratique pour faire comprendre tous les gains qu'on pourrait réaliser par la confection des travaux nécessaires pour faire marcher les scieries en tout temps, et pour en pouvoir flotter les produits sur les cours d'eau qui les alimentent.

Nous nous placerons dans le cantonnement de *Gérardmer*, à la partie supérieure de la vallée de *Rochesson* qui, au milieu de la forêt domaniale de la *Bruche*, prend le nom de vallon des *Hauts-Rupts*.

La scierie des *Hauts-Rupts* marche assez mal, et chôme, faute d'eau, une bonne partie de l'année, de sorte qu'elle ne livre, par an, au commerce que 12 à 15000 planches, tout au plus.

Si cette scierie ne chômait pas, c'est-à-dire, si la quantité d'eau fournie par le ruisseau suffisait toujours à sa marche normale, et si son mécanisme était convenablement modifié, elle produirait de biens meilleurs résultats. Ainsi, par exemple, une scierie particulière a été établie à peu de distance du lieu dont nous parlons, dans la vallée de *Vologne* (cantonnement de Gérardmer); si l'on appliquait un mécanisme du même genre à la scierie des Hauts-Rupts, cette dernière pourrait produire par an, en marchant continuellement, au moins, 28,000 planches; et de plus, comme, au fer épais qu'elle a aujourd'hui et qui mange beaucoup de bois, on aurait substitué une lame de $0^{m},002$ environ d'épaisseur, au moyen de ce perfectionnement, la scierie ferait, sans peine, gagner une planche sur 12.

Dans la scierie que nous proposons ici pour modèle, le châssis et la plumée sont en fonte et l'encliquetage en fer. Le mécanisme de la transmission du mouvement est à une seule manivelle avec une large courroie de cuir. Voici, du reste, les autres données de l'usine :

Largeur du canal.............	1^{m},	83.
Hauteur d'eau dans ce canal....	0,	11.
Vitesse moyenne.............	0,	50.
Hauteur de la roue...........	2,	60
Dépense par seconde.........	$0^{m.c.}$,	10.
Force du cours d'eau.........	$3^{ch.v.}$	46.

La machine use $231140^{k.m.}$, 00 par mètre carré de sciage de sapin. Elle scierait environ 96 planches par jour et à peu près 28,000 par an, en supposant qu'elle ne chômât pas.

Or le mille de planches se paie, dans les Vosges, pour le sciage seulement, 80^{f},00; les 28000 planches rapporteraient donc................ 2,240^{f},00.

Si donc la scierie des Hauts-Rupts était modifiée, comme nous venons de le dire, les 14000 planches qu'elle fournirait annuellement, en plus, produiraient, en sus de ce que l'usine fabriquait auparavant,......................... 1,120^{f},00.

En outre, comme elle livrerait une planche de plus, sur 12, que la scierie actuelle, avec la même quantité de bois ; si chaque planche est estimée 1f,25, on doit encore compter un bénéfice de 1/12 sur les 28000 planches, c'est-à-dire......... 2,918f,75.

Le bénéfice annuel total serait donc. 4,038f,75.

Correspondant au capital de....... 80,775f,00.

Cependant sur les ruisseaux, en pays de montagne, de pareilles scieries placées au sommet des vallées ne livrent guère au commerce, chaque année, qu'environ 12 à 15000 planches, et celle de la vallée de Vologne, déjà citée, n'en donne guère plus. Cela tient aux inégalités fréquentes que subissent les régimes de ces ruisseaux et qui imposent à l'usine de nombreux chômages, attendu que souvent, et sans que le ruisseau soit à sec, la masse d'eau qui coule est insuffisante pour la mise en train de la machine, qui marcherait cependant avec l'addition d'une certaine quantité d'eau, dont on pourrait disposer à volonté. On conçoit tout de suite l'avantage qu'il y aurait à retenir les eaux quand elles sont trop grandes, dans un ou plusieurs réservoirs supérieurs, qu'on viderait dans le temps des sécheresses, pour faire marcher l'usine. La durée de ces sécheresses peut être estimée, en moyenne, à 3 mois de l'année, et ces sécheresses, qui sont discontinues, jettent une telle inégalité dans la marche de l'usine, que le tort qu'elles causent se résume en un chômage d'environ 6 mois sur 12.

D'après ce que nous venons de dire, attendu que

la scierie de Vologne dépense par seconde........................ 0m.,c. 10.
et par conséquent en 24 heures... 8,640m.,c.00.
il faudrait pour l'alimenter pendant 3 mois, la somme énorme de...... 864,000m.,c.00.
Mais heureusement, il y a plusieurs circonstances qui diminuent considérablement cette dépense.

D'abord, il est rare que le ruisseau soit tout-à-fait à sec, quoique la masse qui coule soit trop faible pour faire travailler la scie; et presque toujours, quand les eaux sont arrivées à leur minimum, de fortes pluies ou des orages ne tardent pas à ravitailler le cours d'eau. D'après tous les renseignements, que nous avons pris, nous avons la conviction que pendant ces trois mois, le ruisseau fournit, somme toute, au moins la moitié de son débit ordinaire. Non-seulement, au moment de ces orages, le ruisseau devient torrent et la masse considérable d'eau qui s'écoule, en plus de ce qui est nécessaire à l'usine, est perdue; mais, en noyant sa roue motrice, elle force souvent celle-ci à s'arrêter. C'est cette quantité exorbitante qu'il s'agit donc d'emmagasiner.

Puisque nous venons d'observer que pendant les 3 mois de sécheresses, somme toute, le ruisseau fournit la moitié de son débit ordinaire, le réservoir d'alimentation n'aura pas besoin de fournir l'eau pendant 3 mois ou 100 jours, mais seulement pendant 50 jours.

En outre, il est nécessaire de remarquer que, dans 24 heures, la scierie chôme au moins le $1/5$ de ces 24 heures, pour la position des tronces, l'enlèvement des planches, la remise en train du chariot, le limage de la scie, etc. Durant ce $1/5$ qui, pour 3 mois, équivaut à 20 jours, il n'y a pas eu d'eau dépensée; c'est donc encore toute l'eau nécessaire à l'alimentation pendant 20 jours à soustraire de celle que nous avions calculée d'abord.

Enfin dans l'espace de 100 jours, l'usine chôme complétement les 13 dimanches et au moins une fête, c'est-à-dire, 14 jours pour lesquels il n'y a aucune dépense d'eau.

Ainsi, en définitive, le nombre de jours pendant lesquels il faut alimenter l'usine se réduit à 100—84 =16 jours, ce qui porte à 138240$^{m.c.}$00, seulement, la masse d'eau nécessaire et qu'il faut pour cela tenir en réserve. Avec une pareille provision d'eau, on entretiendrait la marche normale de l'usine, et c'est comme cela qu'il faut entendre qu'on parviendra à en doubler l'effet utile.

Il serait souvent difficile de ramasser une quantité d'eau aussi considérable dans un seul réservoir, à cause de la pente rapide du thalweg, qui diminuerait trop vite la profondeur de l'eau du côté de la queue de l'étang, et à l'autre extrêmité forcerait à construire une levée très-haute. Il serait préférable, comme économie et comme solidité, de placer plusieurs étangs les uns au-dessus des autres; et dans le cas particulier de la scierie des Hauts-Rupts, il faudrait que ces étangs offrissent une surface de 3$^{hect.}$, 45 et 4$^{m.}$,00 de hauteur moyenne, pour satisfaire aux exigences d'un sciage normal en tout temps.

Supposons qu'on soit obligé d'affecter 3$^{hect.}$, 45 de bon terrain forestier à cet usage; d'après le produit moyen d'un hectare, ce sera porter assez haut la perte annuelle que l'État subirait pour cette affectation à.............................. 170^{f}, 00.

En évaluant d'ailleurs à 6,000^{f},00, la dépense de la construction de la digue, dont les matériaux sont sur place et qu'on supposerait soutenue, en aval, par une forte muraille que l'on établirait en *opus cyclopeum,* afin que jamais la vallée ne pût être inondée par une rupture accidentelle, le sacrifice annuel qu'aurait à supporter l'État pour cette construction serait.......................... 300^{f}, 00.

L'entretien en serait fixé à......... 50^{f}, 00.

Donc la dépense du réservoir coûterait par an à l'État.................. 520^{f}, 00.

Quant à la construction de la scierie, nous en porterons la dépense à 10,000^{f},00, attendu que nous voudrions qu'un bon logement fût affecté au Sagard et à sa famille.

La rente de ces 10,000f,00, est..... 500f, 00.

L'entretien de la scierie, doit être estimé à.............................. 200f, 00.

On trouvera que la dépense annuelle affectée à l'entretien de la scierie est un peu forte; nous dirons à cet égard que, jusqu'ici, les sagards ont été les hommes des adjudicataires et non des employés de l'Administration; qu'en conséquence, comme hommes à gages temporaires, ils n'ont jamais eu lieu de s'intéresser aux établissements qu'ils font marcher : aujourd'hui habiles, demain mauvais manœuvres, jamais ils n'ont pris tous les soins nécessaires pour éviter autant que possible les détériorations. Tant que les choses resteront ainsi, il ne faut pas penser à mettre dans leurs mains des mécanismes un peu délicats.

Il n'en serait pas de même, assurément, si l'Administration nommait des préposés spéciaux, des sagards payés et reconnus par elle. En leur donnant 500f,00 d'appointements, le logement et le chauffage, elle trouverait facilement des employés habiles et qui, d'ailleurs, deviendraient responsables de leurs fausses manœuvres et des dommages qui pourraient en résulter pour les scieries.

Il y a, du reste, une multitude de cas où l'État ne serait pas obligé de sacrifier 3hect., 45 de bon terrain pour le fond de ces réservoirs. Souvent, en effet, il arrive que les terrains placés aux thalwegs des cols d'une chaîne de montagnes, ou même au-dessus, sont des sols tourbeux, où la végétation, malgré les saignées qu'on y peut faire, est extrêmement languissante. Ces sols se sont surexhaussés, à la longue, par les dépôts successifs de plantes aquatiques qui ont fini souvent par combler des cavités profondes, en les remplissant de tourbe. Or ces tourbières, la plupart négligées jusqu'ici, acquièrent chaque jour une plus grande valeur par suite du renchérissement des bois, et en les exploitant, non-seulement on en retirerait un bénéfice en argent (1); mais encore, en

---

(1) A moins qu'il n'y ait 1^{m}, 13 de profondeur du banc de tourbe, on n'est pas certain de couvrir ses frais.

D'après le conseiller des mines Eiselin, $33^{m.c}$, 437 de tourbe bien séchée procurent au chauffage le même service que $33^{m.c}$, 437 de pin parfaitement sec.

Pour cuire de la chaux, il s'est établi une proportion un peu différente : pour la même quantité de chaux cuite, il a fallu $61^{m.c}$, 918 de tourbe et $61^{m.c}$, 91 de bois de pin.

On carbonise la tourbe dans les fosses dites *Fauldes*, dans des fourneaux ordinaires de charbonnerie, dans les demi-fourneaux en maçonnerie de forme carrée ou ronde, dans les fourneaux de *Moser* qui consistent en un creuset rond en briques, de 5^{m}, 76 d'élévation, de 3^{m}, 384 de diamètre en bas et de 1^{m}, 692 en haut.

Dans les fourneaux de *Rothau*, dans les Vosges, le creuset

creusant, jusqu'au terrain solide, dans ces terrains auparavant improductifs, on augmenterait d'autant la masse des eaux emmagasinées.

On ne saurait apprécier exactement la perte d'eau due à l'évaporation et à l'infiltration dans les terres. Cette quantité d'eau perdue dépend de beaucoup de circonstances qu'il est difficile de juger d'avance, et il est prudent de se tenir plutôt au-dessus qu'au-dessous de la perte présumée. C'est pour cela que nous avons forcé le chiffre de la dépense de la construction des levées des étangs. Au surplus, en commençant par l'établissement d'un premier étang, on pourrait bientôt juger sainement de la capacité à donner aux retenues supérieures.

Il résulte des chiffres que nous avons établis plus haut qu'une scierie, comme celle de la vallée de Vologne, qui marcherait constamment, rapporterait annuellement :

---

a 3^m, 384 de hauteur, 1^m, 692 de diamètre en bas et 1^m, 410 en haut.

Les fourneaux de Moser rendent 30 à 40 p. % et ceux de Rothau 35 p. % en volume.

Le charbon de Moser est beaucoup meilleur que celui d'épicéa.

(*Principes fondamentaux de la science forestière, par Cotta, traduit par Nougier*, page 443.)

Pour le sciage de 28,000 planches	2,240f,00	
Pour la value du 1/12, à cause de la lame.........	2,918f,75	
Total.........	5,158f,75 ci	5,158f,75
Correspondant au capital de	103,165f,00	

Quant à la dépense annuelle, elle serait :

Pour le traitement du sagard	500f,00	
Pour la scierie........	500f,00	
Pour son entretien......	200f,00	
Pour les étangs — Sol...	170f,00	
Pour les étangs — Digue.	300f,00	
Entretien	50f,00	
Total.......	1,720f,00 ci	1,720f,00
Bénéfice annuel		3,438f,75

Correspondant au capital de 68,775f,00

Or, on sait que la force du cours d'eau, dans cette usine, est égale à 3ch.v,45 ; donc le cheval-vapeur vaut aussi la somme exorbitante de 19,934f,00; c'est-à-dire que la création d'un pareil établissement, avec de pareilles conditions, est peut-être la plus belle entreprise industrielle qu'on puisse faire. Car, à Metz, ville très-commerçante, le cheval-vapeur ne vaut que 10,000f,00, et à Nancy, un peu plus de 5,000f,00.

Ce haut prix du cheval-vapeur dans un établissement pareil tient à sa position dans la forêt même, qui permet de débiter presque sur place des arbres d'un transport, difficile sans cela, et de fournir immédiatement une marchandise très-facile à vendre et à transporter.

On peut d'ailleurs facilement se convaincre ici de la bonté de la spéculation ; car, même en tenant compte du capital qu'il faudrait engager, dès le commencement, pour pouvoir rétablir à neuf la scierie tous les 50 ans, on trouve que le taux du capital donné s'élève à plus de 15 p. %.

Il serait difficile après cela de conseiller à l'Etat d'abandonner ses scieries à l'industrie particulière!

Il faut d'ailleurs avoir égard aux avantages que l'adjudicataire trouve à ne pas dépendre d'un propriétaire d'une autre scierie, où il serait forcé de conduire ses tronces, si l'Administration ne mettait pas à sa disposition une scierie de l'Etat ; attendu que, presque tous ces propriétaires de scierie sont eux-mêmes marchands de bois. On comprend, en effet, que ces marchands ne manqueraient pas de lui faire concurrence et de débiter, avant tout, leurs propres tronces. L'adjudicataire pourrait donc ainsi courir la chance de ne pas avoir sa marchandise en temps utile, et comme les démarches qu'entraînent de pareils rapports le préoccupent et l'empêchent d'étendre ses relations qui ont une valeur vénale, il en résulte qu'il achète moins cher les coupes et que c'est le trésor qui supporte la différence.

Un système d'étangs successifs, pareil à celui dont nous parlons, en fournissant un débit régulier à la scierie, pourrait encore servir à une scierie inférieure. Je veux bien que l'évaporation et l'infiltration entraîneraient une perte d'eau, et je suppose, en conséquence, que l'eau qui s'échapperait du canal de fuite de la première scierie ne ferait scier à la seconde, que 10000 planches de plus qu'auparavant, c'est-à-dire, en tout 2,500^{f},00, il y aurait pour ces 10000 planches de plus qu'auparavant, un boni annuel pour le sciage seulement, de... 800^{f}, 00

Et pour le $^{1}/_{11}$ de planches en plus.. 2,083^{f}, 00

Total........ 2,883^{f},00

La dépense pour la construction de la scierie serait représentée par une rente de .... 500^{f}, 00

Son entretien par.. 200^{f}, 00

Traitement du sagard.............. 500^{f}, 00

Total de la dépense annuelle........... 1,200^{f}, 00 ci 1,200^{f}, 00

Bénéfice net.................. 1,683^{f}, 00

Représentant le capital.......... 33,660^{f}, 00

En ajoutant ce second boni au premier (page 189) on trouve .... 102,435^{f}, 00

Chiffre bien haut assurément, et qui cependant est encore loin de représenter tous les avantages qu'on pourrait tirer des eaux tenues en réserve.

En effet, comme dans le moment des pluies et des orages, on aurait un excès d'eau qu'on pourrait retenir dans de plus vastes réservoirs que ceux que nous avons indiqués, et qu'on pourrait exécuter avec la somme que nous avons portée pour la construction de la digue, on serait libre d'employer une partie de ces eaux au flottage des planches et des bois de constructions en trains et des bois de feu à bûches perdues. On peut se faire une idée des bénéfices qui en résulteraient en adoptant pour le boni dû au flottage par cent de planches, le chiffre de $4^{f},00$ à $5^{f},00$, quand il ne s'agit que d'une distance d'environ 50 kilomètres, au delà de laquelle l'expérience prouve qu'il est rare que les bois soient transportés par terre; ce qui force l'Etat à les livrer à bas prix, quelquefois même à ne pas les exploiter du tout.

Si l'on venait à douter de l'utilité des travaux que nous proposons, en les regardant comme des innovations qui peut-être ne réaliseraient pas les bénéfices présumés, je ferais observer que ces travaux d'endiguement, loin d'être une innovation, ont été exécutés dans beaucoup de localités et notamment dans le vallon des *Hauts-Rupts* dont je parle; car tout cela existait avant 1789, et au commencement de la première révolution, l'Etat a concédé, pour des sommes minimes, les étangs supérieurs de réserve établis au haut bout de la vallée et qui, non-seulement, faisaient marcher les scieries, mais aussi le flottage à bûches perdues sur le ruisseau de *Rochesson,* malgré la cascade du saut du *Bouchot.*

Dans une seule promenade faite avec la première division de l'Ecole forestière, nous avons reconnu les vestiges incontestables de 8 ou 10 étangs placés à la partie supérieure de la vallée de Rochesson. Plusieurs de ces étangs qui ne font plus partie du Domaine sont exploités en tourbières. La scierie des Hauts-Rupts était notamment alimentée par deux étangs, qui, vendus depuis 1789 et convertis en prairies, ont encore conservé leurs noms de *Hautes-Vannes* et de *petites Hautes-Vannes.* Nous en avons jaugé les capacités et nous avons trouvé les résultats approximatifs qui suivent.

1° Hautes-Vannes......	Hauteur de la levée..	2m, 00
	Profondeur moyenne	1, 50
	Largeur de l'étang..	110, 00
	Longueur.........	500, 00
	Capacité	164,000mc, 00
2° Petites Hautes-Vannes	Hauteur de la levée..	3m, 00
	Profondeur moyenne	0, 50
	Longueur.........	400, 00
	Largeur..........	300, 00
	Capacité.........	60,000m c, 00
Total des eaux emmagasinées		224,000m c, 00

On voit qu'avant la révolution de 1789, l'on pouvait disposer à volonté de beaucoup plus d'eau que nous n'en avons demandé, puisque notre chiffre ne s'élève qu'à 138,000m.c.,00; et si nous n'en avons pas requis davantage, c'est que les meilleurs emplacements pour établir des étangs, et où étaient précisément ceux que nous venons de décrire, ne font plus partie du domaine forestier; tout ce que les lieux nous permettraient de proposer, ce serait la création de deux étangs dans la tourbière d'*Epargis* et dans celle de la *Creuse-Faigne*, plus un petit réservoir un peu au-dessus de la scierie.

Cependant ce que nous venons de dire suppose que la scierie reste à la place où elle est aujourd'hui; mais si on la descendait à quelques cents mètres plus bas, le thalweg offrirait encore de bons emplacements pour de vastes réservoirs.

Le système des réservoirs d'alimentation avait été mis en usage dans beaucoup d'autres lieux, et sans nous éloigner de la scierie des Hauts-Rupts, nous dirons que, dans le même cantonnement de Gérardmer, on voit encore, au-dessus de la scierie de la vallée de *Belbriette*, deux beaux étangs qui alimentent cette scierie. D'autres réservoirs qui étaient placés autrefois un peu plus haut et un peu plus bas n'existent plus aujourd'hui, mais on voit très-distinctement les vestiges de leurs vannes. Ils servaient, outre cela, au flottage à bûches perdues qui a été en usage sur ce ruisseau jusqu'en 1789. Vingt ans plus tard, une compagnie de marchands de bois voulut recommencer à flotter; mais le flot, devenu trop faible par la destruction de plusieurs réservoirs, et de nombreuses roches qui, pendant ces vingt années, s'étaient répandues dans le lit du ruisseau, avaient rendu ce moyen de transport impraticable.

Si l'on veut bien se rappeler que, dans les montagnes boisées, les forêts de l'Etat couronnent le plus souvent les sommets et les cols des chaînes, et que c'est, vers ces points et principalement à la place des anciens lacs naturels ou artificiels, que l'on pourrait, à peu de frais, créer de grands réservoirs d'alimentation, on comprendra sans peine tous les avantages qui en résulteraient dans l'intérêt des scieries, du flottage, des irrigations riveraines des cours d'eau, et dans celui des établissements industriels placés sur ces mêmes cours d'eau. On peut ainsi acquérir la certitude de l'opportunité qu'il y aurait à recommencer ces utiles travaux que la sagesse de nos prédécesseurs avaient exécutés et dont, sous le prétexte de livrer ces terrains à l'agriculture, on a privé cette même agriculture qui perd ainsi des ressources bien autrement précieuses.

Enfin, pour terminer par un chiffre qui indique toute l'importance de pareilles entreprises de la part de l'Etat, nous dirons que si celui-ci, il y a trente ans, dans les premières années de la Restauration, avait pu exécuter les travaux nécessaires à l'alimentation et au perfectionnement seulement de 100 scieries, il aurait déjà réalisé aujourd'hui, vu l'accumulation des intérêts des intérêts, la somme de plus de 20 millions; et si maintenant l'Administration ne pouvait pas encore, pendant trente autres années, exécuter ces projets, l'Etat aurait ainsi négligé de gagner le capital énorme de près de 130 millions ou 6,500,000f,00c de rentes.

Quand la guerre, les dissensions civiles ou toute autre cause arrêtent les améliorations dont l'Administration d'un grand pays comme la France est en général susceptible, on ne peut, sans douleur profonde, calculer les pertes immenses que supporte la Société tout entière.

Nous venons de chercher à prouver tout le parti qu'on pourrait tirer, dans l'intérêt du flottage et des scieries de l'Etat, des eaux que les pluies répandent sur les chaînes de montagnes plus libéralement qu'ailleurs; mais, est-ce bien là tout l'usage qu'on pourrait en faire?

Toutes les fois, en effet, qu'on parle des eaux dans un pays, on est tenté de prononcer, immédiatement après, le mot forêt. C'est qu'il existe, entre ces deux termes, une corrélation si naturelle, qu'elle a été toujours saisie par le bon sens du vulgaire; et chez nous, en France, ce rapport intime a été traduit, dans la langue administrative, par la dénomination de *grande maîtrise des eaux et forêts,* qu'on avait donnée au corps des forestiers.

Cherchons donc à comprendre, d'une manière générale l'étendue de ce rapport, et, pour cela, tâchons d'apprécier la valeur complète des eaux répandues sur le sol forestier.

Nous commencerons par nous demander si ces eaux n'ont pas, par leur position même et par leur origine, une valeur absolue et indépendante de toute espèce d'emploi qu'on en peut faire?

Or, tout le monde sait que la chaleur de l'atmosphère enlève continuellement, à la surface de la terre, une masse d'eau qu'elle réduit en vapeurs et qu'elle élève, par la force expansive et la légèreté de cette vapeur même, jusque dans les régions des nuages. Lorsque ces eaux viennent à se déverser, sous forme de pluie, sur les sommets d'une chaîne de montagnes forestières, elles sont encore, par le fait même de leur élévation au-dessus du fond des vallées environnantes, pourvues d'une force égale à celle qu'il faudrait pour les élever, du fond des mêmes vallées, jusqu'aux points où elles sont tombées dans les montagnes.

Si, par exemple, un mètre cube d'eau est déposé ainsi à $100^{m},00$ d'élévation au-dessus du thalweg de la vallée, et si, du haut d'un rocher à pic, ce mètre cube pouvait, d'un seul saut, tomber jusqu'au bas de la montagne, il acquerrait une force égale à 100 fois celle qu'il faudrait pour élever ce mètre cube, ou $1000^{kil.},00$ à $1^{m},00$ de hauteur, c'est-à-dire, qui équivaudrait à 100000 kilogrammètres; et un ruisseau qui fournirait cette somme d'eau par seconde aurait, en chevaux-vapeur de $75^{k.m.},00$ chaque, une valeur représentée par $\frac{100000}{75} = 1333^{ch.-v.},33$.

Laquelle, comme une roue n'utilise que les $\frac{3}{4}$ de la force de l'eau qu'elle reçoit, devrait être réduite à $888^{ch.-v.},89$.

Pour apprécier en argent, avec une approximation suffisante, la valeur d'un cheval de $75^{k.m.},00$ par seconde et par conséquent celle d'un cours d'eau quelconque, nous commencerons par rechercher quelle est la dépense annuelle nécessaire pour faire produire ces 75 kilogrammètres par seconde à une machine à vapeur, dans une localité donnée, à Nancy, par exemple, où la houille coûte 36 fr. les 1000 kilog.

Or, pour produire $75^{k.m.},00$ par seconde, au moyen d'une bonne machine, on doit brûler par heure $3^{kilog.},00$ de houille, c'est-à-dire, dépenser $0^{f},036 \times 3$ et par conséquent, par an, la somme de $0^{f},036 \times 3 \times 24 \times 365 = 946^{f},08$. Ainsi, pour fonder un cheval-vapeur, sans compter la dépense d'établissement et d'entretien, il faut un capital de $18921^{f},60$.

A supposer que les avantages fussent les mêmes pour

une machine à vapeur (1) et un cours d'eau, ce prix de 18,921^{f},60 ne pourrait jamais être dépassé par

(1) Il faut remarquer, à propos des machines à vapeur, qu'elles offrent des avantages particuliers que n'ont point les cours d'eau. Ainsi, on peut les établir partout, à la ville comme à la campagne; elles chôment peu et livrent toujours, et à chaque instant, la même force, pourvu qu'on les chauffe également.

A Nancy les cours d'eau ont acquis une assez grande valeur depuis quelques années. Aujourd'hui, on vient de payer 132,000^{f},00 la quantité d'eau nécessaire à six tournants qui exigent la force de 4$^{ch.v.}$,25 chacun. Le prix du cheval-vapeur s'élève donc à 5176^{f},47.

Ainsi, quand bien même le canal de la Marne au Rhin ferait baisser, comme on l'espère, le prix de la houille à 18^{f},00 les mille kilog., la somme nécessaire pour fonder un cheval-vapeur à la houille ne descendrait encore qu'à 9460^{f},80 (sans les frais d'établissement), c'est-à-dire, presqu'au double du cheval-vapeur donné par un cours d'eau.

On conçoit facilement que les cours d'eau augmentent incessamment de prix dans chaque localité, à mesure que l'industrie s'y développe. « En effet, tel cours d'eau (*Guide du Chauffeur*, page 317), comme la » chute de la Moselle, à Metz, loué à raison de 12 ou 1300^{f},00 par » tournant et qui s'y louerait facilement aujourd'hui 2000^{f},00, depuis » que le commerce des grains s'y est développé, ne sera pas loué moins » de 3000^{f},00, par force de tournant de moulin à blé, aux environs » d'une grande ville manufacturière ou dans son sein. » Les mêmes auteurs du *Guide* ajoutent, un peu plus loin : « Les cours d'eau, au » milieu de la ville de Metz, sont demandés à 2000^{f},00 de loyer par » tournant tous ensemble. »

En établissant, en détail, la comparaison d'un moulin à eau et d'un moulin à vapeur à Metz, le *Guide* arrive à conclure que, dans cette localité, et malgré le prix élevé des cours d'eau, les moulins à vapeur ne peuvent pas encore soutenir la concurrence, et que les moulins à eau y offrent un avantage de 10^{f},00 par jour, si l'on n'a pas égard au chô-

celui des cours d'eau. Aujourd'hui la valeur de ces derniers n'approche pas encore de ce chiffre, surtout loin des villes; mais d'après les données recueillies par les praticiens, on peut les estimer en moyenne, et sans crainte d'exagération, à $1000^{f.}$,00 par cheval de $75^{k.m}$,00.

Pour fixer nos idées par un exemple, s'il s'agissait d'un cours d'eau débitant $0^{m.c.}$,10 par seconde et tombant de 10^{m},00 de hauteur, ce ruisseau représenterait une force de $1,000^{k.m.}$,00 par seconde, c'est-à-dire,

---

mage. Il faut bien observer que les auteurs de cette comparaison sont des constructeurs de machines à vapeur, et que leurs calculs ne peuvent pas être suspects.

Si le même moulin était à une lieue et demie de la ville, le loyer de l'eau d'un tournant ne vaudrait plus alors qu'un peu plus des 2/3 de la valeur qu'il avait en ville, c'est-à-dire, environ 1300^{f},00 de location par an, correspondant au capital de 26000^{f},00 ou 6117^{f},60 pour le cheval-vapeur.

On voit donc, qu'à Nancy, les cours d'eau sont beaucoup moins chers qu'à Metz et même qu'à une lieue et demie de Metz.

Ce n'est pas ici le lieu de discuter à fond cette question avec tous ses détails. Cependant, nous remarquerons que le prix des cours d'eau est destiné à augmenter, à mesure que l'industrie s'accroîtra, jusqu'à ce que les prix soient tels que la vapeur puisse leur faire concurrence; mais qu'en prenant les choses telles qu'elles sont, et avec les routes améliorées dans les pays de montagnes, comme dans les Vosges, on peut, sans exgération, estimer la valeur du cheval de $75^{k.m.}$,00 à la moitié de celle qu'il a à Nancy, c'est-à-dire, à 2700^{f},00, ou tout au moins à 2000^{f},00 l'un dans l'autre; allons plus loin, n'en prenons pas même le 1/4, c'est-à-dire, supposons qu'il ne vaille que 1000^{f},00.

13 ch.v.,33, qu'on devra réduire, d'après ce qui a été dit page 198, à 8ch.v.,89.

Et cependant si nous parcourons les montagnes couvertes par les forêts de l'Etat, que voyons-nous de tous côtés ? Des ruisseaux qui se précipitent des sommets jusqu'au fond des vallées avec rapidité, et comme pour échapper au travail mécanique que l'homme peut leur imposer, et auxquels on laisse dépenser en pure perte toute leur puissance; si nous voulions, par la pensée, faire la somme de toutes ces valeurs, nous serions surpris des richesses à côté desquelles on passe, sans y faire même attention. Or, si la civilisation continue sans entraves sa marche progressive, le moment n'est pas éloigné où bon nombre de ces ressources méconnues, groupées de distance en distance et sortant de la forêt à des points propices, pourraient être livrées à haut prix à l'industrie.

Et d'ailleurs, dans leur trajet même au travers de la forêt et sur les pentes des coteaux, ces eaux pourraient encore être appliquées d'une manière spécialement utile à l'accélération de la végétation forestière et par conséquent à l'accroissement annuel. En effet, la même chaleur solaire qui enlève jusqu'aux nues l'humidité des plaines, pour la déverser ensuite sur les montagnes, excite aussi l'évaporation dans les feuilles et y accélère, comme on sait, la circulation végétale. Il est superflu de dire ici que plus les racines trouvent d'eau dans la terre où elles sont plongées, plus la vie devient active et plus la végétation prospère (1), surtout dans les jeunes repeuplements ou dans les pépinières. Or, de même que dans la culture de toutes les plantes, on accélère cette végétation ou qu'on la protége par des arrosements contre la fâcheuse influence d'une sécheresse trop prolongée, pourquoi donc, si la chose est facile, et à bon marché, n'emploierait-on pas les mêmes moyens dans les forêts ? Si l'on veut bien y faire attention, on verra que la nature fait elle-même presque tous les frais de cette opération, en se chargeant de transporter l'eau par

---

(1) On sait qu'il suffit (d'après M. de Laplane), de 10,000$^{m.c.}$,00 d'eau, en moyenne, pour convertir un mauvais champ en une bonne prairie. Et, d'après M. Nadault de Buffon, que le prix d'un litre d'eau, par seconde, s'élève de 24 à 48^{f},00 de loyer pour l'arrosage.

Ainsi, par exemple, le lac de Gérardmer a 1,600,000$^{m.q.}$,00 de surface, si l'on opérait à sa sortie un faible décapement de 0^{m},50 dans le lit du ruisseau qu'il alimente, et si on établissait à ce point une portière de 1^{m},00 de hauteur ; comme un exhaussement de 0^{m},50 du niveau de ses eaux ne causerait pas de débordement sur les propriétés riveraines, on pourrait mettre en réserve, derrière ce barrage, 1,600,000$^{m.c.}$,00 d'eau et les faire écouler à volonté. Cette masse d'eau, d'aprés la moyenne que nous venons d'indiquer, suffirait pour transformer 160 hectares de champs en prairies ; et si, d'après M. Nadault de Buffon, nous admettons que chaque hectare acquiert une plus value nette de 50^{f} par an (comme d'ailleurs le ruisseau mènerait toujours la même quantité d'eau qu'auparavant, puisque l'eau qui en sort est due aux affluents du lac), cette opération, frais payés, augmenterait la valeur de cette pièce d'eau de 200,000^{f},00, l'intérêt de l'argent étant 4 p. °/$_{o}$.

les pluies jusqu'aux sommets les plus élevés des montagnes. Seulement, cette distribution d'eau n'est pas également répartie à toutes les époques de l'année. Ainsi au moment des grandes crues ou des orages, les eaux tombent par torrents, et descendant avec impétuosité sur les flancs des montagnes, en emportent la terre végétale et s'y creusent des lits profondément ravinés ; tandis qu'en été, le sol perd peu à peu son humidité. L'homme n'a donc qu'à régulariser cette répartition d'eau sur le sol forestier. Le moyen qui se présente immédiatement, c'est de profiter des réservoirs naturels ou d'en créer de factices aux lieux les plus convenables (quand cela est praticable sans de grandes dépenses), pour emmagasiner ces eaux et les distribuer sur toute l'étendue de la forêt, au moyen de rigoles à peu près horizontales, à substituer avec avantage à ces fossés d'assainissement qu'on a souvent creusés dans des cantons humides et dont les eaux, conduites dans un ravin voisin et descendant rapidement jusqu'au Thalweg, ont l'inconvénient d'enlever la terre végétale, de priver les parties inférieures de l'humidité qui leur était nécessaire et de diminuer leur fertilité.

Dans un mémoire présenté à M. le directeur général, *en janvier* 1844, j'ai formellement appelé l'attention sur les avantages que *ce mode d'irrigation entretenue par des réservoirs d'alimentation supérieurs* me paraîtrait devoir offrir.

Au mois de juillet de la même année, M. Eugène Chevandier a rendu compte (1) à l'Académie des sciences des essais qu'il venait d'entreprendre pour l'établissement des fossés irrigateurs sur une certaine étendue de forêt; nous croyons utile d'insérer ici l'article de cet auteur à ce sujet :

« On arrive à cette conséquence qu'une semence de sapin pourra produire, au bout de 100 années et suivant les quantités d'eau qui auront abreuvé le sol sur lequel elle se sera développée, un arbre valant sur pied........................... 1f,50

7,00

85,00

« Ces rapprochements démontrent toute l'importance du sujet dont je m'occupe. Ils font pressentir l'influence qu'une culture méthodique des forêts pourrait exercer sur la richesse publique, et conduisent à cette conclusion naturelle, qu'un système d'irrigation bien entendu peut augmenter considérablement les produits des forêts, surtout dans les montagnes où la rapidité des pentes, l'exposition aux rayons du soleil, l'action des vents et enfin les déboisements amènent si fréquemment l'aridité plus ou moins grande du sol. »

---

(1) Recherches sur l'influence de l'eau sur la végétation des forêts, par M. Eugène Chevandier, 1844.

« Ces irrigations seront faciles à établir partiellement, toutes les fois qu'un ruisseau descendra la pente des montagnes; si on considère qu'elles peuvent, en moyenne, augmenter la production du double, du triple et quelquefois même la quadrupler, on arrivera promptement à la pensée de les produire par des puits artésiens aux hauteurs où ce moyen serait praticable, et même de jeter sur les flancs des montagnes les rivières qui coulent à leur pied, afin d'en utiliser ainsi les eaux. Mais les dépenses à faire, les difficultés d'exécution, celles du partage des eaux entre les domaines voisins, et souvent aussi l'impossibilité d'enlever celles-ci aux cultures et aux usines établies dans les vallées, rendraient ce dernier moyen rarement praticable. »

« J'ai essayé d'y suppléer en utilisant sur place la totalité des eaux pluviales et je réclamerai encore pour quelques instants la bienveillante attention de l'Académie pour exposer la méthode que j'ai suivie. Je m'appuierai de nouveau ici sur l'autorité de M. de Candolle, qui regarde les eaux de pluie comme produisant sur la santé des plantes un effet fort supérieur à celui de tout autre arrosement. Cette considération importante ajoutera, je l'espère, quelqu'intérêt à ce qui me reste à dire. D'un autre côté, les tableaux joints à ce mémoire démontrent que la végétation est presque toujours languissante dans les parties sèches des montagnes où la rapidité des pentes favorise l'écoulement de ces eaux; que la fertilité apparaît au contraire partout où la disposition du terrain permet l'infiltration de celles qui affluent des pentes voisines. Si donc on arrête l'eau sur chaque point de la montagne, si on la force, pour ainsi dire, à s'y fixer, on aura réalisé une des conditions les plus favorables à la végétation. »

« C'est ce que j'ai tenté de faire en établissant sur des pentes sèches des séries de fossés horizontaux, sans ouvertures, destinés à recevoir les eaux et à les arrêter. »

« Ces fossés ont, de 75 centimètres à un mètre de largeur et de profondeur; ils sont disposés de manière à partager la montagne en zones horizontales, ayant en moyenne de 12 à 15 mètres de largeur; les eaux des pluies viennent à s'y réunir et pénètrent plus ou moins lentement dans le sol. »

« De cette manière toute l'eau qui s'écoule d'une des zones, profite à celle qui lui est immédiatement inférieure. Les eaux pluviales sont uniformément réparties sur toute la montagne. La zone la plus élevée elle-même, celle qui précède le premier fossé, reçoit par infiltration une partie des eaux qui tombent sur le sommet de la montagne toutes les fois que celle-ci se termine par un plateau. »

« La dépense n'est pas très-élevée; je viens d'appliquer ce procédé comme essai dans les forêts de la manufacture des glaces de Cirey sur environ 8 hectares, et les frais ont été de 7 centimes par mètre courant et en moyenne de 40 francs par hectare. »

« Ces fossés pourront presque toujours être facilement entretenus par les gardes. Indépendamment de leur avantage comme irrigation, ils mettront un terme à cet appauvrissement du sol des côtes rapides que les pluies entraînent aujourd'hui dans les vallées. En emmagasinant les eaux dans les flancs des montagnes, ils régulariseront leur débit et contribueront à diminuer ces débordements funestes qui suivent souvent les pluies trop abondantes. »

« Enfin, en ramenant la fertilité sur des revers aujourd'hui arides, en l'augmentant sur les autres, ils permettront l'amélioration successive des forêts, non-seulement par l'augmentation de leurs produits, mais aussi par la culture des essences les plus précieuses. »

Tout en admettant que les expériences de M. Chevandier, malgré leur importance, ou plutôt à cause de leur importance même, ont besoin d'être répétées, il est de toute évidence que, dans un bon nombre de circonstances, de pareils arrosements auront la plus heureuse influence sur la végétation des bois; et, d'ailleurs, dans le mémoire précité, nous avons indiqué encore le double emploi qu'on pourrait faire de ces fossés-canaux, si, lorsqu'on le jugerait nécessaire et praticable, on leur donnait assez d'eau et de pente pour y faire flotter les bois de feu et les tronces, à bûches et à billes perdues, jusqu'à la rencontre d'un chemin de vidange ou d'une route forestière. On réaliserait donc ainsi, et à peu de frais, dans bon nombre de circonstances, trois avantages notables : car, 1° le transport de ces bois aurait lieu au meilleur marché possible, dans les endroits mêmes où il est très-pénible, attendu qu'on ne peut faire des chemins sur tous les points du sol forestier; 2° la forêt ne serait plus parcourue dans tous les sens par ces mêmes bois qui y causent souvent tant de dégâts jusqu'à leur sortie sur un chemin de vidange ; 3° la fertilité et l'accroissement annuel seraient considérablement augmentés par l'irrigation.

CHAPITRE IX.

RÉSUME GÉNÉRAL.

Il résulte de tout ce qui a été dit dans les deux années du cours de constructions que des travaux nombreux et d'une utilité incontestable peuvent être entrepris, exécutés et entretenus dans l'intérêt de l'augmentation de la valeur des produits du sol forestier. Ces travaux divers comprennent :

1° Les maisons forestières à un ou deux gardes, les sécheries, les bâtiments des scieries et leur mécanisme.

2° Les dalots, les ponceaux et les ponts; les murs de soutenement et de clôture.

3° Les sentiers de traînage, les chemins de vidange et les routes forestières.

4° La rectification des cours d'eau pour le flottage.

5° Les barrages fixes et les barrages mobiles.

6° Les étangs d'empaquetage.

7° Les canaux de dérivation pour le flottage, les réservoirs d'alimentation, les fossés-canaux.

A propos des routes, nous avons déjà parlé des soins continus qu'exigent l'exécution des constructions forestières et leur entretien. Aujourd'hui, nous insistons de nouveau sur la nécessité de donner aux agents qui en sont chargés des *connaissances théoriques et pratiques spéciales.*

Il y a encore des agents habiles qui ne sont pas suffisamment convaincus de cette vérité. Ils regardent comme très-facile la tâche de l'ingénieur forestier, et cela tient tout simplement à ce qu'ils n'ont pas eu l'occasion de se livrer aux études nécessaires pour en constater l'étendue; et c'est à tort qu'ils citent à l'appui de leur compétence, en fait de travaux d'art, les maisons forestières et les routes qui ont été déjà exécutées sous leurs ordres. Nous avons dit plus haut que nous étions bien éloigné de chercher à déprécier leur travail; mais, après cela cependant, n'est-il pas naturel de penser que ce qui a été fait en ce genre aurait été beaucoup mieux conçu, tracé et exécuté par des hommes spécialement appris? n'est-il pas naturel de croire que des erreurs ont été commises; que des parties mal exécutées ont dû être recommencées et que des tracés chers auraient pu être remplacés par des tracés tout aussi convenables sous le rapport de la vidange et beaucoup moins dispendieux? car on sait que de deux tracés qui marchent parallèlement à quelques mètres de distance, l'un peut coûter trois ou quatre fois plus cher que l'autre, sans que pour cela les exigences du programme soient mieux remplies. Ne doit-on pas se demander encore si des terrassements exécutés rapidement, sans profils déterminés et surtout sans surveillance continue et sans contrôle compétent, n'ont pas eu à subir des éboulements dans certain cas, et la plupart du temps des dépressions sur lesquelles les empierrements ont perdu la régularité de leur surface qui, en définitive, constitue, en grande partie, la bonté de la route ? N'est-il pas certain que les empierrements ont été posés plus épais qu'il n'est nécessaire avec un entretien méthodique, et qu'ainsi un capital considérable a été enfoui en pure perte ? Les eaux qui les ravinent ont-elles été écartées ? Les ponceaux ont-ils eu les dimensions et la solidité convenables ? Et quand on a exécuté sur des ruisseaux les travaux nécessaires pour l'organisation du flottage, les barrages n'ont-ils jamais été emportés par les eaux, et leur distance ainsi que leur hauteur ont-elles toujours été calculées de manière à éviter les détériorations aux pièces de bois flottées ? Les maisons forestières et les scieries ont-elles toujours rempli les conditions auxquelles elles devaient satisfaire, quoiqu'on ait été fréquemment obligé de recourir, pour ces maisons forestières et ces scieries, à des arpenteurs ou à des architectes qui, travaillant eux-mêmes sans surveillance directe, ont nécessairement commis des fautes graves ? Une surveillance active et pour ainsi dire de tous les jours, a-t-elle vérifié la nature des matériaux ? A-t-on vu arriver la chaux au chantier, nouvellement cuite et de bonne qualité ? L'a-t-on vu éteindre? A-t-on constaté la bonté du sable, le sol des fondations, la confection des mortiers, la qualité des pierres et des bois de charpente? Les enduits ont-ils été confectionnés avec tous les soins, je ne dirai pas convenables, mais indispensables? Et presque toujours ne sont-ils pas tombés sous l'action des pluies d'automne ou de la gelée? La menuiserie a-t-elle eu de bons assemblages? Les bois étaient-ils bien choisis et suffisamment secs? Et la couverture, d'où dépend le salut de la bâtisse, était-elle convenablement établie; la tuile était-elle cuite à point, bien confectionnée; en a-t-on mis la quantité nécessaire par mètre carré? La serrurerie a-t-elle toujours valu le prix qui lui a été alloué? La peinture, la vitrerie et la ferblanterie ont-elles été exécutées de manière à résister le plus longtemps possible? Et enfin les plans ont-ils été toujours conçus avec talent et les devis rédigés avec la régularité sans laquelle la porte est ouverte à tant d'abus?

Je ne crois pas qu'il soit nécessaire de répondre à toutes ces questions. Tout homme de bonne foi dira sans hésiter qu'on ne peut satisfaire à de si nombreuses conditions (et à bien d'autres encore dont nous ne parlons pas), qu'avec des agents non-seulement spécialement instruits, mais, en outre, éclairés par la pratique et capables, en un mot, de remplir toutes les exigences des *travaux d'arts*.

TABLE DES MATIÈRES.

PREMIÈRE PARTIE.

DEUXIÈME PARTIE.

TROISIÈME PARTIE.

FIN DE LA TABLE.

TABLE

POUR CALCULER LES DIFFÉRENCES DE NIVEAU,

DANS LES OPÉRATIONS TOPOGRAPHIQUES.

Pour avoir, en mètres, la différence de niveau du point de station au point qu'on observe avec la lunette de l'Eclimètre, il suffit de multiplier, par la distance horizontale mesurée entre les deux points, le nombre qui, dans les colonnes des côtés verticaux, correspond à la cote de l'angle observé; les nombres inscrits dans ces colonnes ayant été calculés pour 1^m,00 de base horizontale.

Angles avec l'horizon.	Côtés verticaux.	Angles avec l'horizon.	Côtés verticaux	Angles avec l'horizon.	Côtés verticaux	Angles avec l'horizon.	Côtés verticaux.
g.	m.		m.		m.		m.
0,05	0,001	1,20	0,019	2,35	0,037	3,50	0,055
10	0,002	1,25	0,020	2,40	0,038	3,55	0,056
15	0,002	1,30	0,021	2,45	0,039	3,60	0,057
20	0,003	1,35	0,021	2,50	0,039	3,65	0,058
25	0,004	1,40	0,022	2,55	0,040	3,70	0,058
30	0,005	1,45	0,023	2,60	0,041	3,75	0,059
35	0,006	1,50	0,024	2,65	0,042	3,80	0,060
40	0,006	1,55	0,025	2,70	0,043	3,85	0,061
45	0,007	1,60	0,025	2,75	0,043	3,90	0,061
50	0,008	1,65	0,026	2,80	0,044	3,95	0,062
55	0,009	1,70	0,027	2,85	0,045	4^g	0,063
60	0,009	1,75	0,028	2,90	0,046	4,05	0,064
65	0,010	1,80	0,028	2,95	0,047	4,10	0,065
70	0,011	1,85	0,029	3^g	0,047	4,15	0,065
75	0,012	1,90	0,030	3,05	0,048	4,20	0,066
80	0,013	1,95	0,031	3,10	0,049	4,25	0,067
85	0,013	2^g	0,032	3,15	0,050	4,30	0,068
90	0,014	2,05	0,032	3,20	0,050	4,35	0,069
95	0,015	2,10	0,033	3,25	0,051	4,40	0,069
1^g	0,016	2,15	0,034	3,30	0,052	4,45	0,070
1,05	0,017	2,20	0,035	3,35	0,053	4,50	0,071
1,10	0,018	2,25	0,035	3,40	0,054	4,55	0,072
1,15	0,018	2,30	0,036	3,45	0,054	4,60	0,072

Angles avec l'horizon.	Côtés verticaux.	Angles avec l'horizon.	Côtés verticaux	Angles avec l'horizon.	Côtés verticaux.	Angles avec l'horizon.	Côtés verticaux.
4,65	0,073	7,30	0,115	11,30	0,179	15,30	0,245
4,70	0,074	7,40	0,117	11,40	0,181	15,40	0,247
4,75	0,075	7,50	0,118	11,50	0,183	15,50	0,248
4,80	0,076	7,60	0,120	11,60	0,184	15,60	0,250
4,85	0,076	7,70	0,122	11,70	0,186	15,70	0,252
4,90	0,077	7,80	0,123	11,80	0,188	15,80	0,253
4,95	0,078	7,90	0,125	11,90	0,189	15,90	0,255
5^{g}	0,079	8^{g}	0,126	12^{g}	0,191	16^{g}	0,257
5,05	0,080	8,10	0,128	12,10	0,192	16,10	0,259
5,10	0,080	8,20	0,130	12,20	0,194	16,20	0,260
5,15	0,081	8,30	0,131	12,30	0,196	16,30	0,262
5,20	0,082	8,40	0,133	12,40	0,197	16,40	0,264
5,25	0,083	8,50	0,134	12,50	0,199	16,50	0,265
5,30	0,084	8,60	0,136	12,60	0,201	16,60	0,267
5,35	0,084	8,70	0,138	12,70	0,202	16,70	0,269
5,40	0,085	8,80	0,139	12,80	0,204	16,80	0,270
5,45	0,086	8,90	0,141	12,90	0,205	16,90	0,272
5,50	0,087	9^{g}	0,142	13^{g}	0,207	17^{g}	0,274
5,55	0,087	9,10	0,144	13,10	0,209	17,10	0,275
5,60	0,088	9,20	0,146	13,20	0,210	17,20	0,277
5,65	0,089	9,30	0,147	13,30	0,212	17,30	0,279
5,70	0,090	9,40	0,149	13,40	0,214	17,40	0,280
5,75	0,091	9,50	0,150	13,50	0,215	17,50	0,282
5,80	0,091	9,60	0,152	13,60	0,217	17,60	0,284
5,85	0,092	9,70	0,154	13,70	0,219	17,70	0,286
5,90	0,093	9,80	0,155	13,80	0,220	17,80	0,287
5,95	0,094	9,90	0,157	13,90	0,222	17,90	0,289
6^{g}	0,095	10^{g}	0,158	14^{g}	0,224	18^{g}	0,291
6,10	0,096	10,10	0,160	14,10	0,225	18,10	0,292
6,20	0,098	10,20	0,162	14,20	0,227	18,20	0,294
6,30	0,099	10,30	0,163	14,30	0,228	18,30	0,296
6,40	0,101	10,40	0,165	14,40	0,230	18,40	0,297
6,50	0,102	10,50	0,166	14,50	0,232	18,50	0,299
6,60	0,104	10,60	0,168	14,60	0,233	18,60	0,301
6,70	0,106	10,70	0,170	14,70	0,235	18,70	0,303
6,80	0,107	10,80	0,171	14,80	0,237	18,80	0,304
6,90	0,109	10,90	0,173	14,90	0,238	18,90	0,306
7^{g}	0,110	11^{g}	0,175	15^{g}	0,240	19^{g}	0,308
7,10	0,112	11,10	0,176	15,10	0,242	19,10	0,309
7,20	0,114	11,20	0,178	15,20	0,243	19,20	0,311

Angles avec l'horizon.	Côtés verticaux.	Angles avec l'horizon.	Côtés verticaux.	Angles avec l'horizon.	Côtés verticaux.	Angles avec l'horizon.	Côtés verticaux.
19,30	0,313	23,30	0,383	27,30	0,457	31,30	0,536
19,40	0,315	23,40	0,385	27,40	0,459	31,40	0,538
19,50	0,316	23,50	0,387	27,50	0,461	31,50	0,540
19,60	0,318	23,60	0,389	27,60	0,463	31,60	0,542
19,70	0,320	23,70	0,391	27,70	0,465	31,70	0,544
19,80	0,322	23,80	0,392	27,80	0,467	31,80	0,546
19,90	0,323	23,90	0,394	27,90	0,469	31,90	0,548
20^g	0,325	24^g	0,396	28^g	0,471	32^g	0,550
20,10	0,327	24,10	0,398	28,10	0,472	32,10	0,552
20,20	0,329	24,20	0,400	28,20	0,474	32,20	0,554
20,30	0,330	24,30	0,401	28,30	0,476	32,30	0,556
20,40	0,332	24,40	0,403	28,40	0,478	32,40	0,558
20,50	0,334	24,50	0,405	28,50	0,480	32,50	0,560
20,60	0,335	24,60	0,407	28,60	0,482	32,60	0,562
20,70	0,337	24,70	0,409	28,70	0,484	32,70	0,564
20,80	0,339	24,80	0,411	28,80	0,486	32,80	0,566
20,90	0,341	24,90	0,412	28,90	0,488	32,90	0,568
21^g	0,342	25^g	0,414	29^g	0,490	33^g	0,570
21,10	0,344	25,10	0,416	29,10	0,492	33,10	0,572
21,20	0,346	25,20	0,418	29,20	0,494	33,20	0,575
21,30	0,348	25,30	0,420	29,30	0,496	33,30	0,577
21,40	0,349	25,40	0,422	29,40	0,498	33,40	0,579
21,50	0,351	25,50	0,423	29,50	0,500	33,50	0,581
21,60	0,353	25,60	0,425	29,60	0,502	33,60	0,583
21,70	0,355	25,70	0,427	29,70	0,504	33,70	0,585
21,80	0,357	25,80	0,429	29,80	0,506	33,80	0,587
21,90	0,358	25,90	0,431	29,90	0,508	33,90	0,589
22^g	0,360	26^g	0,433	30^g	0,510	34^g	0,591
22,10	0,362	26,10	0,435	30,10	0,512	34,10	0,594
22,20	0,364	26,20	0,436	30,20	0,513	34,20	0,596
22,30	0,365	26,30	0,438	30,30	0,516	34,30	0,598
22,40	0,367	26,40	0,440	30,40	0,517	34,40	0,600
22,50	0,369	26,50	0,442	30,50	0,519	34,50	0,602
22,60	0,371	26,60	0,444	30,60	0,521	34,60	0,604
22,70	0,373	26,70	0,446	30,70	0,523	34,70	0,606
22,80	0,374	26,80	0,448	30,80	0,525	34,80	0,609
22,90	0,376	26,90	0,450	30,90	0,527	34,90	0,611
23^g	0,378	27^g	0,452	31^g	0,529	35^g	0,613
23,10	0,380	27,10	0,453	31,10	0,532	35,10	0,615
23,20	0,382	27,20	0,455	31,20	0,534	35,20	0,617

Angles avec l'horizon.	Côtés verticaux.	Angles avec l'horizon.	Côtés verticaux.	Angles avec l'horizon.	Côtés verticaux.	Angles avec l'horizon.	Côtés verticaux.
35,30	0,619	39,30	0,710	43,30	0,809	47,30	0,919
35,40	0,621	39,40	0,712	43,40	0,812	47,40	0,922
35,50	0,624	39,50	0,715	43,50	0,814	47,50	0,924
35,60	0,626	39,60	0,717	43,60	0,817	47,60	0,927
35,70	0,628	39,70	0,719	43,70	0,819	47,70	0,930
35,80	0,630	39,80	0,722	43,80	0,822	47,80	0,933
35,90	0,632	39,90	0,724	43,90	0,825	47,90	0,936
36^{g}	0,635	40^{g}	0,727	44^{g}	0,827	48^{g}	0,939
36,10	0,637	40,10	0,729	44,10	0,830	48,10	0,942
36,20	0,639	40,20	0,731	44,20	0,833	48,20	0,945
36,30	0,641	40,30	0,734	44,30	0,835	48,30	0,948
36,40	0,643	40,40	0,736	44,40	0,838	48,40	0,951
36,50	0,646	40,50	0,739	44,50	0,841	48,50	0,954
36,60	0,648	40,60	0,741	44,60	0,843	48,60	0,957
36,70	0,650	40,70	0,743	44,70	0,846	48,70	0,960
36,80	0,652	40,80	0,746	44,80	0,849	48,80	0,963
36,90	0,655	40,90	0,748	44,90	0,851	48,90	0,966
37^{g}	0,657	41^{g}	0,751	45^{g}	0,854	49^{g}	0,969
37,10	0,659	41,10	0,753	45,10	0,857	49,10	0,972
37,20	0,661	41,20	0,756	45,20	0,860	49,20	0,975
37,30	0,664	41,30	0,758	45,30	0,862	49,30	0,978
37,40	0,666	41,40	0,761	45,40	0,865	49,40	0,981
37,50	0,668	41,50	0,763	45,50	0,868	49,50	0,984
37,60	0,670	41,60	0,766	45,60	0,871	49,60	0,988
37,70	0,673	41,70	0,768	45,70	0,873	49,70	0,991
37,80	0,675	41,80	0,771	45,80	0,876	49,80	0,994
37,90	0,677	41,90	0,773	45,90	0,879	49,90	0,997
38^{g}	0,680	42^{g}	0,776	46^{g}	0,882	50^{g}	1,000
38,10	0,682	42,10	0,778	46,10	0,884	50,10	1,003
38,20	0,684	42,20	0,781	46,20	0,887	50,20	1,006
38,30	0,687	42,30	0,783	46,30	0,890	50,30	1,009
38,40	0,689	42,40	0,786	46,40	0,893	50,40	1,013
38,50	0,691	42,50	0,788	46,50	0,896	50,50	1,016
38,60	0,693	42,60	0,791	46,60	0,899	50,60	1,019
38,70	0,696	42,70	0,793	46,70	0,901	50,70	1,022
38,80	0,697	42,80	0,796	46,80	0,904	50,80	1,025
38,90	0,701	42,90	0,800	46,90	0,907	50,90	1,029
39^{g}	0,703	43^{g}	0,801	47^{g}	0,910		
39,10	0,705	43,10	0,804	47,10	0,913		
39,20	0,708	43,20	0,806	47,20	0,916		

Nancy, imprimerie de veuve RAYBOIS et Comp.

www.ingramcontent.com/pod-product-compliance
Ingram Content Group UK Ltd.
Pitfield, Milton Keynes, MK11 3LW, UK
UKHW021044220726
13924UKWH00005B/2002

9 782019 969660